听专家田间讲课

盆栽葡萄与标准化生产

郝庆照　李俊良　编著

中国农业出版社

编　委　会

主　　编　郝庆照　李俊良

副 主 编　赵伟杰　陶跃顺　李莎莎

编写人员（按拼音顺序排）

郝　键　郝庆照　姜晓燕

姜泽波　李俊良　李莎莎

李忠晓　梁　斌　梁素娥

刘建伟　陶跃顺　王春夏

王桂欣　王周文　张瑞花

赵伟杰　朱明玉

出版说明

CHUBAN SHUOMING

保障国家粮食安全和实现农业现代化，最终还是要靠农民掌握科学技术的能力和水平。为了提高我国农民的科技水平和生产技能，向农民讲解最基本、最实用、最可操作、最适合农民文化程度、最易于农民掌握的种植业科学知识和技术方法，解决农民在生产中遇到的技术难题，中国农业出版社编辑出版了这套“听专家田间讲课”丛书。

把课堂从教室搬到田间，不是我们的最终目的，我们只是想架起专家与农民之间知识和技术传播的桥梁；也许明天会有越来越多的我们的读者走进校园，在教室里聆听教授讲课，接受更系统、更专业的农业生产知识与技术，但是“田间课堂”所讲授的内容，可能会给读者留下些许有用的启示。因为，她更像是一张张贴在村口和地头的明白纸，让你一看就懂，一学就会。

本套丛书选取粮食作物、经济作物、蔬菜和果树等作物种类，一本书讲解一种作物或一种技能。作者站在生产者的角度，结合自己教学、培训和技术推广的实践经验，一方面针对农业生产的现实意义介绍高产栽培方法和标准化生产技术，另一方面考虑到农民种田收入不高的实际问题，提出提高生产效益的有效方法。同时，为了便于读者阅读和掌握书中讲解的内容，我们采取了两种出版形式，一种是图文对照的彩图版图书，另一种是以文字为主、插图为辅的袖珍版口袋书，力求满足从事农业生产和一线技术推广的广大从业者多方面的需求。

期待更多的农民朋友走进我们的田间课堂。

2016 年 6 月

前言

QIAN YAN

葡萄是一种栽培价值很高的果树，人类在很早以前就开始栽培。在全世界的果品生产中，葡萄的产量和栽培面积一直居前，占世界水果生产总量的1/4，也是人们喜食的果品。

葡萄被人们视为珍果，营养丰富，色美、气香、味可口，既可鲜食又可加工成各种产品，果实、根、叶还皆可入药，全身都是宝。

我国的葡萄种植面积位居世界第一。由于葡萄新品种的相继选育、栽培技术的快速发展和栽培方式的不断改进，葡萄栽培区域迅速扩大，全国各地都有葡萄的商品化种植，葡萄已成为我国分布最为广泛的果树之一。

葡萄具有结果早、产量高、见效快、收益高等特点，种植葡萄已成为农民“转方式、调结构”，进行农业供给侧改革重点发展的高效经济作物。

随着葡萄产业多元化的发展和人们生活水平提高，绿化、美化家居环境已成为家庭生活的一个重要内容，给朋友送盆盆栽葡萄已成为新时尚。

盆栽葡萄是以葡萄树为素材，经过精心培养和艺术加工，在盆中集中典型地再现葡萄园的一种艺术，是“无声的诗，立体的画”。唐代刘禹锡《葡萄歌》有云：“野田生葡萄，缠绕一枝高。移来碧墀下，张王日日高。”唐代唐彦谦《咏葡萄》中有名句：“西园晚霁浮嫩凉，开尊漫摘葡萄尝。”盆栽葡萄如画，却生机盎然，四时多变。这种源于自然，高于自然，既能鲜食又能观赏，同时还具有美化净化功能“三位一体”的艺术品，成为葡萄产业链条上的一块瑰宝。

本书是作者根据传统盆栽葡萄、家居环境美化的需要和发展，结合多年从事葡萄栽培技术研究与生产经验，融合葡萄栽培学原理与我国传统盆景技艺，创新盆栽葡萄标准化生产技术和运作模式而编著完成。全书共分十一章，分别介绍盆栽葡萄的生长结果特点、调控原理、综合管理技术等。书后附有必要的图片，力求图文并茂。

本书以介绍葡萄盆栽实用技术为重点，辅以介绍必要的技术原理，既有丰富的理论，又有配套技术，深入浅出，通俗易懂，适合盆栽葡萄规模生产者、种植企业管理人员、技术人员和业余爱好者阅读参考。

在本书编写过程中，张艳丽老师给我们提供了许多学习盆栽葡萄生产技术的机会和珍贵资料；青岛沙北头蔬菜专业合作社、青岛古岘蔬菜专业合作社提供了盆栽葡萄研究实践基地；实践基地中的工程由青岛瑞源达工程咨询有限公司设计、青岛浮德机械有限公司建设完成。在此，一并表示感谢！

由于水平所限，书中难免有疏漏和不足之处，敬请读者批评指正。

编著者

2017 年 1 月

目录

MU LU

第一章
盆栽葡萄的特点

盆栽葡萄是应用葡萄栽培学原理将葡萄栽培技艺与中国传统盆景艺术巧妙结合，经艺术加工、合理布局，将大自然的葡萄景色浓缩到咫尺盆中的一种艺术。盆栽葡萄的佳作既有葡萄栽培的丰收美，又有中国传统盆景的艺术美，既有观赏价值，又有食用价值，具有鲜明的风格和特色。

第一节　盆栽葡萄的自然特性

1. 型果兼备、光彩照人

盆栽葡萄等于造型加硕果，就是说，它既要具有根、桩、形、神等造型艺术，又必须兼具足够数量的果实，二者缺一不可。在盆栽葡萄中，果是造型的重要组成部分，果的多少、布局、大小、色彩是构成盆栽葡萄艺术的重要部分，以型载果，以果成型，型果兼备，妙趣横生。

2. 食用兼观赏、体验生长管理乐趣

生活在大都市的人，对于餐桌上经常出现的葡萄果实的认识有限，对于它的生长过程并不了解，置一两盆盆栽葡萄于室内欣赏，神游其中，可使人如入田园之中，领略大自然之幽趣，特别是亲手管理的盆栽葡萄，朝夕相对，倍感亲切，趣味无穷。时而管理，时而欣赏，既感受到劳动的乐趣，又受到艺术的熏陶。人们在工作之余，参与盆栽葡萄管理过程的浇水、施肥、整枝等操作，不但可以缓解疲劳、调节身心、恢复健康体态，而且还可以锻炼人们的手脚及腰部肌肉，获得情绪、体能、认知、创意及精神各方面的健康发展，不论是对老年人，还是压力大的年轻人都是健康舒压的好方法。因此，盆栽葡萄的管理与欣赏可以提高人们的艺术修养，培养人们热爱自然的情趣，丰富人们的生活内容。

在管理、欣赏葡萄的同时，还可以吃到新鲜、安全、放心的葡萄。当前，我国食品安全事故时有发生，在葡萄生产上，有的果农过度追求种植利益，往往投入大量的农药、化肥、激素等化学物质，来提高葡萄的产量和外观，致使葡萄的污染问题越来越严重，因农药残留而导致葡萄（葡萄食品）污染的事件屡有发生。

而自己管理的盆栽葡萄，能克服不利天气条件对葡萄生长造成的不利影响，并且整个生长阶段由自己参与管理，可以杜绝葡萄污染，吃上放心葡萄。

盆栽葡萄除了观赏、食用（周年不需冷藏，始终即采即食）外，还可以起到绿化、美化环境的作用。家里的阳台、窗台和露台如摆上一盆绿意葱茏、造型大方的盆栽葡萄，可为家庭平添几分灵动和生机。如摆放不同颜色的盆栽葡萄，成熟时成串的葡萄果实累累，有的已经红透，有的还很青涩，隐藏在支起的绿叶藤蔓中，趣味盎然。

3. 富有生活情趣、多子多福

盆栽葡萄的根、干、枝、叶、花、果、形组成了观赏的整体。尤其最近两年发展起来的北方盆栽葡萄，通过温室栽培，一年四季实现枝繁叶茂、果实累累、色彩斑斓，青枝碧果旬日之间又换新颜，极富生活情趣和自然气息。此外，葡萄的花、果串串相连，这一切都决定了盆栽葡萄寓意多子多福、大富大贵。

4. 尊重自然的造型风格

与一般观叶类盆栽不同之处还在于，盆栽葡萄的培育除研究造型以外，还需注重培养花、果。而花、果的培养则需要具有一定生长势的枝条和一定的叶面积，也就是一定的营养。在这方面，要遵循葡萄的生长习性，满足营养生长与生殖生长所需要的条件。

第二节　盆栽葡萄的生长特点

盆栽葡萄的生长发育既不同于一般盆栽树木，又不同于大田葡萄。

1. 根系

根系既是葡萄固定、吸收营养和水分的器官，又是有机营养的贮存和合成器官。健壮的根系是盆栽葡萄正常生长结果的基础。在盆栽条件下，由于根系离心生长的习性和靠近盆壁处土壤通气条件优越等原因，根系多沿盆壁和盆底环绕生长，形成根垫和根团。2～3 年后，随着根的伸长和根量的加大，根团充满盆内。这种老化的根团，使盆内土壤比例降低，直接影响了根系对养分的吸收和运输。因此，要及时换盆、修剪根系、更换新的培养土。换盆的年限应视根系和地上部生长情况灵活掌握，一般为 2～3 年。与大田葡萄根系分布深而广的状况相比，盆栽的根团对外界环境如温度、湿度的变化，土壤通气状况，施肥浓度，有害物质及病虫害等的适应性和抵抗能力大为降低。不良的环境条件和不适当的管理常造成根系损伤、衰弱甚至死亡。当盆栽葡萄生长衰弱，叶片变暗、变黄、失去光泽，果实发育不良甚至脱落时，应首先检查根系是否受损，并及时采取措施补救。葡萄根系如满足其需要的条件时，可以周年不停地生长，其生长高峰常与树冠的生长高峰有交替生长的现象，即在每次新梢发生前或新梢快速生长期之前，有一个根系生长的高峰期。这一时期根系生长的状况对此后出现的新梢生长状况有直接影响。葡萄根系均有很强的再生能力，切断之后，伤口附近容易生长大量新根。影响根系生长和吸收的因子有以下几个方面。

（1）**温度** 一般葡萄根系在土温8～10℃时开始活动，生长最适温度为15～25℃，土温超过30℃生长受抑制。

（2）**水分** 最适于根系生长的盆土含水量，等于土壤最大持水量的60％～80％。根的抗旱能力比叶片低得多。在干旱条件下，叶片从根部获取大量水分，造成根系的损伤甚至死亡。由于盆土容量的限制和散失面积较大，盆内水分的散失速度比大田果园表层土高4～5倍。管理疏忽，极易失水。用盆越小，树冠越大，气温越高，气候越干，特别在干热风季节，失水速度越快，越应注意及时向盆内补水。

（3）**通气** 盆土的物理结构是由土壤颗粒和孔隙组成，细小的毛管孔隙为水分所占有，粗大的非毛管孔隙为空气所占有。葡萄根系的呼吸、生长及其他生理活动均要求盆土中有足够的氧气供应。在盆土缺氧条件下，葡萄的正常呼吸及生理活动受阻，生长停止。同时，二氧化碳和其他有害气体积累引起根系中毒，造成根系死亡。对葡萄生长最适宜的土壤组成是，土壤孔隙占土壤全容重的50%左右，孔隙中的水分和空气也各占一半左右。盆栽营养土的通气透水性能（简称通透性）即表示土壤孔隙的比例，配制营养土时应根据原料的物理性状灵活调节。

（4）**营养** 根系的生长发育状况与土壤养分供应和地上部光合产物的供应有关。“根深”与“叶茂”是互为因果、互相促进的关系。例如，盆树结果过多、光合产物供不应求时，根系生长明显衰弱，但采取合理留果措施，减少地上部养分消耗，可明显地促进根系生长。同样，对于病弱树采取保叶措施并叶面喷肥，促进叶片功能，也能促进根系的生长强健。

（5）**盆土酸碱度** 以pH表示的土壤酸碱度直接影响根系的生长和吸收。在酸性较强的盆土中，根系对磷、钙、镁等元素的吸收能力降低。在碱性强的盆土内，根系对锰、铁、锌的吸收受阻。多数葡萄喜微酸环境。盆土过酸或过碱，可能发生缺素症，影响葡萄的生长和结果。因此，配制土时应注意。

2. 芽

所有的枝、叶、花、果都是由芽发育而成的，芽是形成这些器官的原始体，进行繁殖时，经嫁接的芽可形成新的植株。芽有以下几种类型。

根据芽在枝上着生的部位，可分为顶芽和侧芽。顶芽着生在枝条顶端，萌发力强，一般第二年都可萌发。侧芽着生在枝条叶腑间，又称腑芽，萌发力较差，第二年往往不能都萌发。

依照芽的性质，可分为花芽和叶芽。叶芽只能抽枝发叶，花芽可开花结果。在外部形态上，花芽一般较肥大饱满，芽鳞较紧。

葡萄当年形成的芽即可萌发，称为早熟性芽。它可使枝条多次生长，增加全树的分枝级次，所以具有早熟性芽的葡萄一般结果较早。

由于芽在形成发育过程中所处的环境条件和营养状况的差异，造成芽的质量、生长势以及外形特征等有所差别。如枝条基部的芽发生形成在早春，此时气温低，树体叶片很少，所以形成的芽发育程度低而成瘪芽，枝条基部呈“环痕”状态。此后，随着气温的升高和叶面积的增大，枝条中部所形成的芽质量变好，芽体大且饱满。

芽的质量及饱满程度明显地影响抽生新梢的生长势。饱满的壮芽、大芽抽生壮枝、长枝；弱芽、小芽抽生弱枝、短枝。在整形修剪中，常利用芽的这一特性，改变树体枝条长度和长短枝比例，促进成型和提早结果。

3. 枝

枝是树冠、树形的重要组成部分，它不但着生叶片和花果，输运水分和养分，也是养分贮藏的重要器官。干粗枝壮是盆树连年结果的重要保障。葡萄枝条在适宜条件下可产生不定根，常用枝条插播的方法进行繁殖。

此外，枝的生长与用盆有很大影响。大盆不但营养多，而且根系大，表现为枝条强旺。由于根系的生长与地上部的生长保持一定的平衡，缩小根系体积能有效地控制旺长。用盆越小，枝条的生长越短，枝干的加粗越慢，树冠的大小越容易控制。

4. 叶

葡萄的枝、芽、花、果 90%的干物质是由叶片光合作用合成的。没有足够的光合产物就不能开花结果，因此，叶片的质量和总面积的大小，对盆树的生长发育极为重要。叶是仅次于根的养分吸收器官，可以吸收各种矿质元素。在盆树管理中，经常用叶面喷肥的办法向树体追施营养。

叶片的生长受肥、水、光照的直接影响。水分供应不足时，单叶面积明显变小，叶色暗淡无光，小叶过早变黄脱落，严重时，大叶脱水枯死。肥的供应左右叶片的大小、厚度、效能。叶面喷肥后，叶片变厚、颜色深绿、光合效率高。光照是影响叶片生长发育及实现功能的重要因子。见光不足时，叶色发浅、厚度变薄、功能降低。盆树的叶片质量较高，这与其树体小、见光好有直接关系，这也是盆树结果较多且果实发育较好的重要原因。

夏季久阴骤晴之后，强烈的阳光常使幼枝嫩叶萎蔫、干焦。主要原因是，阴或小雨天气空气湿度大，叶片蒸腾量少，盆土表面湿润掩盖了中、下部缺水的状况。骤晴之后，蒸腾量骤然加大，根系供水不足的矛盾加剧，加之新生枝叶组织幼嫩、蒸腾量大，所以首先表现并迅速受害。因此，遇到这样的天气，要注意及时向盆面浇水，必要时叶面喷水保叶。

5. 花和果

花和果是盆栽葡萄的造型和观赏的重要组成部分。围绕保花保果采取相应的技术措施，是盆栽葡萄的重点技术之一。

第三节　盆栽葡萄的生产特点

随着人们生活水平的不断提高，部分消费者对葡萄表现出求新、求特的需要，一些新型的种植方式逐渐被人们接受。许多市民希望种植一些既能观赏又能食用的葡萄，逢年过节时还可作为礼品送给亲朋好友。但是市民自己在家育苗配土都很不方便，许多人还不懂技术，很难种植成功。如果果农在自己地里用盆栽的方法把葡萄种好再卖给市民，市民只在家里养护就容易多了。

盆栽葡萄正是在这一大背景下研究出的一种葡萄新型生产模式，其主要特点如下。

（1）葡萄盆栽培育时间短，当年成型，每盆即可结果2～4穗。葡萄枝蔓柔软，可随意弯曲，适宜造型。设计成扇形、花篮形等各种造型的盆栽葡萄，不仅可供观赏，而且每盆1季可收获2千克鲜果。

（2）葡萄盆栽技术，既不同于一般观叶类盆栽，又不同于一般葡萄栽培技术。从原理上，它是二者的融合；从技艺上，它是二者的发展。在利用日光温室设施的基础上，每年的冬季、早春采用加温保温措施，晚春、夏季、早秋采用降温措施以及通过环境因子的控制、营养管理等综合措施进行生长发育的促控，通过一次养枝、两次套盆等措施提早成型结果，实现一年两收，大大提高了土地利用率和产出率，丰富和发展了葡萄栽培和传统盆栽艺术的内容。

（3）随着盆栽葡萄生产技术的不断发展，盆栽葡萄的创意将不断出现，开发出新、特、奇的葡萄盆栽，满足个性消费需求，诸如：“老顽童葡萄盆栽”“一对情侣葡萄盆栽”“一家三口葡萄盆栽”“长寿葡萄盆栽”“富贵葡萄盆栽”等。

第二章 盆栽葡萄与标准化生产技术

智能温室生产盆栽葡萄，是依靠现代化温室装备条件，综合应用葡萄标准化生产技术成果，“当年建园收获一季，第二年开始，每年收获两季”。作为生产者，收获的是较高的经济价值，亩*产值20万～30万元，是传统种植葡萄收入的10倍。作为消费者，购置一两盆盆栽葡萄于室内，既富有盆栽葡萄的观赏性，又具有从成熟到收获始终随摘随吃的鲜食性，在家中享受到葡萄园自摘的乐趣。同时，盆栽葡萄还可以美化居室环境、净化室内空气。

---

* 亩为非法定计量单位，1亩＝1/15公顷。——编者注

第一节　栽苗前准备

1. 开沟

开挖宽60～80厘米、深40厘米的条带沟，在挖条带沟时，熟土和生土要分别放置，以便于土壤的合理回填。

2. 施肥

将有机肥（3吨/亩）或完全腐熟的农家肥、钙镁磷肥、防治地下害虫的农药均匀施入沟内，用旋耕机将肥料、农药搅拌两遍，使其均匀。

3. 熟土回填

回填时不要打乱土层，并掺入有机肥。下层加入作物秸秆、绿肥等，以增加土壤的通透性，回填后立即灌水沉实，浇水要浇足浇透。

第二节　苗木定植

1. 栽苗

将葡萄苗按行距2米、株距40厘米，定植在保护地里。

2. 覆盖地膜

地膜覆盖栽培可以增温、保水保肥、改善土壤理化性状、提高土壤肥力、抑制杂草生长、减轻病虫危害、节约劳动力，因此可取得较好的经济效益。根据不同季节，选用不同色泽的地膜进行覆盖，有重点地解决葡萄生产中的实际问题，夏季用黑色地膜覆盖，重点抑制杂草生长，冬季用白色地膜覆盖，重点提高地温。

第三节 田间管理

对于葡萄苗来说新梢的叶腋有两种芽，即冬芽和夏芽。

冬芽肥大，外被鳞片，内含1个主芽和2～3个预备芽（副芽）。主芽在鳞片正中，预备芽在周围。冬芽的主芽较预备芽发达，春季是主芽先萌发，当主芽受损伤时预备芽随即萌发。也有的品种，尤其是生长势强的品种，往往主芽和副芽同时萌发。因此，在同一节上的芽常发出2～3个嫩梢，称为主芽新梢或预备芽新梢。新梢过多不仅影响通风透光，而且浪费养分。因此，一般只留一个强壮的主芽新梢，将预备芽发出的新梢去掉。冬芽是混合芽（又叫花芽）和叶芽两种。花芽抽生结果新梢，叶芽抽生新梢。一般情况下冬芽当年不萌发，第二年春天才能萌发，所以叫冬芽。但如将主梢过早摘心或将副梢摘除，也能刺激冬芽当年萌发。

夏芽小，没有鳞片（又称裸芽），断梢抽生之后不久即发，所以叫夏芽。随着新梢生长，一年中可抽生多次，所有抽生的新梢叫副梢。

1. 斜、平、直整枝

（1）**斜引** 每株葡萄苗发芽后留 2 个长势健壮的芽促其生长，作为结果枝，葡萄蔓顺吊绳呈“V”形生长，当结果枝长到 1.4 米左右时及时摘心。

（2）**平拉** 形成的两个枝条垂直于种植行，将基部的 50 厘米段沿地平面平拉固定，夏芽副梢全部抹去。

（3）**直吊** 平拉固定后的两个结果枝，继续顺吊绳直立生长，形成“U”形，50 厘米以上的每个夏芽副梢留2片叶摘心，再次萌发出的副梢留1片叶摘心，之后将反复长出来的副梢抹去，喷施磷酸二氢钾，达到控梢促花的目的。

2. 黄化处理

当枝蔓中间部位茎粗长到8～10毫米，枝条花芽饱满，已达到木质化后，再生长一个月，采取叶片黄化处理，使其落叶，强迫养分回流。具体做法：叶面喷施80%含量的水溶性硫黄粉，浓度为1∶200，再加1∶1 000的乙烯利混合后喷施一遍，20天后叶片开始变黄脱落。或者单独喷施一遍40%乙烯利500～600倍溶液，15天后叶片变黄开始脱落。

3. 剪枝套盆

剪去顶端枝蔓和夏芽副梢，剪枝后主蔓高1.2米左右。第一次套盆时，将盆套在自上而下第三个冬芽下端，枝条穿过盆后，在盆上端1/3处沿枝条竖向割2～3条长5厘米左右、深1毫米（划破韧皮部即可）的割痕，目的是激发愈伤组织，促进新根生长。然后添加基质，并用固定架固定花盆。所用基质配比是：草炭土8份，有机生物肥 1 份，珍珠岩 1 份。

4. 打破休眠，促芽萌发

在剪枝后或套盆前，选择套盆口上方的 2～3 个冬芽涂抹单氰胺，打破休眠，促芽萌发。涂抹单氰胺时先将单氰胺溶液用水稀释：夏季 1∶12，冬季 1∶10。将药液配好后，直接用刷子或毛笔蘸药液，均匀涂抹在冬芽上，使用的原则是要求芽芽见药，点芽以湿透芽眼为好。涂抹后当天要浇水灌溉。如刚浇完水三五天，土壤较湿润，可在用药 10 天后补浇一次水。夏季涂药后 8～12 天萌芽，冬季 10～15 天萌芽。

涂抹单氰胺注意事项如下。

（1）本品对眼睛和皮肤有刺激作用，直接接触后，会引起过敏，表层细胞层脱去（脱皮）。误饮，会损伤呼吸系统。如发生上述症状，请立即到医院就诊。

（2）使用时必须穿防护衣和防护眼罩，注意不要使皮肤直接接触。

（3）使用时不能吃东西、喝饮料和吸烟。操作前后 24 小时内严禁饮酒或食用含酒精的食品。

（4）操作后用清水洗眼、漱口，并用肥皂仔细清洗脸、手等易暴露部位，清洗防护用品。

（5）本产品能使绿叶枯萎，使用时避免喷洒到相邻正在生长的作物上。

（6）不得与其他叶面肥、农药混用。

（7）本品要求存储在 20 ℃以下，不得与酸碱混储。防止阳光直射。

（8）严格按照正确操作方法使用本产品。

5. 抹芽定枝

套盆的葡萄枝条冬芽发芽后，要及时抹去多余副芽，一盆保留 2 个结果芽，长 4 串葡萄果实，一个枝条主蔓上留 12 片叶片，每个副梢留 2 片叶，以后长出的新枝要反复摘心，避免养分外流。留叶片的数量根据所设计的葡萄造型而定。

6. 疏花疏果，果穗套袋

在开花前一周对花序进行修剪，剪去副穗，掐去穗尖，使果穗紧凑整齐，幼果开始膨大后，再进行一次仔细的果穗整形，去除生长不良或过密、过小的果粒。果穗整形后可进行套袋，以保证果穗整洁、果粒美观，同时起到防病害、防污染、防虫鸟侵害的作用。葡萄果袋宜用纸袋，袋的大小以品种而异，但纸袋容积要大于果穗。

7. 肥水管理

从栽植葡萄苗后到采收整个生育期内，都要做好盆下和盆内葡萄的肥水管理，确保盆内葡萄根系正常生长，具体做法是：通过微灌系统，应用水肥一体化灌溉施肥技术。

肥水管理的前期（从萌芽到坐果），以氮肥为主（2～3次氮肥）；中期（坐果到转色前），保持氮、磷、钾平衡供应（2～3次平衡肥）；后期（转色到成熟）重点施磷钾肥（2～3次）。

具体施肥抓“四关”：一是采收后立即施入基肥（以腐熟的有机肥为主），施肥量按1千克果4千克肥的比例，施足腐熟的有机肥；二是发芽后追施一次以氮肥为主的速效性肥料，促生壮梢、壮花；三是开花前和盛花期在花序上喷施0.3%的硼砂或硼酸促进坐果；四是幼果迅速生长期根外喷施0.3%磷酸二氢钾，增加果实含糖量，每10天一次，共喷2～3次。根外追肥可与喷药结合进行。

8. 防治病虫害

葡萄病虫害防治要以防为主、适时喷药，不

喷剧毒农药，以形成优良的绿色食品，防治病虫关键四点如下。

（1）采用良好的农业技术措施，培养健壮树势，尤其要注意控制产量，多施磷、钾肥，增强树体抵抗力。

（2）防重于治，发芽前对全树认真喷一次5波美度石硫合剂，加0.3%五氯酚钠，彻底铲除越冬病虫害。这次喷药十分重要，一定要认真进行。

（3）合理用药，各产区随气候、品种差异，病虫害种类有所不同，因此要根据当地实际情况制定科学的病虫害防治历，选择适当的农药种类，交替使用，及时喷药。

（4）随时清园，及时剪除、烧毁病叶、病枝、病果，减少传染源。

9. 温湿度管理

（1）花芽新梢生长期

① 温度。萌芽后至开花是葡萄新梢初期生育时期，在这一段时间里，葡萄一边进行新梢生长，一边进行花器分化，此时温度过高，必将使新梢发生徒长，使花器质量下降乃至退化，影

响结实，所以要实行低温管理，也就是萌芽后的温度管理指标要从催芽末期的高水平降下来，白天温度控制在25～28 ℃，夜间保持15 ℃左右。当新梢展开6～7片叶以后，要利用晴朗的白天充分换气，让叶片得到充分锻炼，提高光合效率。此时，昼温不超过30 ℃，以25 ℃为宜。

② 湿度。在此期间，要严格控制土壤和空气的湿度，使新梢生长茁壮，花穗孕育充分，这对顺利进入开花期、保证结实意义重大。这时如果空气湿度过大，常诱发灰霉病和穗轴褐枯病。因此，此期要及时通风换气，使空气的湿度从催芽期的水平上降下来，保持在60%左右。萌动后如发芽势不强，常常是由于土壤深层水分供应不足所引起。这时，应选择晴天上午浇一次大水，补充土壤水分，同时，加大通风量降低空气湿度。

(2) **花期**

① 温度。葡萄在开花授粉期间，对环境温度的要求虽因品种而异，但多数品种需在比较高的温度环境条件下，授粉、受精过程才能顺

利进行。因此，此期的温度管理指标要适当高些，白天温度控制在 25 ℃左右，夜间保持 16～18 ℃。

② 湿度。葡萄是自花结实率较高的树种，在开花期间，湿度过大不利于花粉囊的开裂散粉，降低坐果率。同时，湿度过大易导致葡萄徒长及病害大量发生，但湿度过低，又会引起落花，因此，花期保护地内空气湿度控制在 50％左右为宜。

（3）果实膨大期

① 温度。落花后，进入幼果迅速膨大生长期，为了促进膨大生长，提高这一时期的夜间温度有很大意义。夜间温度可保持在 18～20 ℃，但不要超过 20 ℃。白天温度高时，要注意通风换气，使之保持在 25～28 ℃。

② 湿度。果实膨大期是促进保护地葡萄提早成熟的一个关键时期，需水量大，5～7 天浇一次小水，所以，空气湿度容易增大，引起各种病害发生，因此，要经常通风换气，实行地膜覆盖，减少土壤水分蒸发，空气湿度控制在 50％～60％。

10. 修剪整形

盆栽葡萄因受盆器大小的限制，营养面积小，所以一般株型不宜太大、枝蔓量也不宜过多。主要形状有螺旋形、独蔓形、双蔓形、金龙托珠形、弯龙形、扇形、披散形。也可以根据客户订单，塑造不同的造型，满足不同消费者个性需求。

第四节　采收销售

适时采收是保证葡萄有良好质量的关键，判断葡萄成熟的标准是品种果实特点充分显示、种子完全变成褐色，只有在这时采收，优良品种果实的色、香、味、形才能完全表现。达到以上指标时，将盆下枝蔓剪断，整盆移出，包装应市。

消费者在盆栽葡萄养护方面注意以下几点。

（1）盆栽葡萄适宜在柔和的光照下生长，避免阳光暴晒和雨水淋洗。

（2）在冬季要营造适宜盆栽葡萄生长的环境条件，主要是在温度控制上，白天温度不低于22 ℃，夜间温度不低于14 ℃。

（3）挂果的盆栽葡萄需水肥一体，肥料选用水溶性冲施肥，每盆每次5克兑水800毫升，一周一次。只浇清水会影响葡萄品质和枝叶生长。

（4）葡萄成熟后挂果30天左右，应及时食用。

（5）采用绿色防控措施，防虫治病。

第五节　第二季盆栽葡萄生产

收获第一季套盆的葡萄后，在剩下主蔓高度65厘米左右处进行第二次套盆。环割套盆及后续管理技术按第一次操作规程进行，即可生产出第二季盆栽葡萄，实现“一次养枝，两次套盆，一年收获两季盆栽葡萄”的目的。

第六节　盆栽葡萄一年两收第一年技术管理年历

从栽苗到枝蔓套盆大约6个月，从套盆到成熟需4个月，采收前后1个月。

经典案例管理年历参考如表1所示。

表 1　盆栽葡萄第一年技术管理年历表

时间	物候期	主要技术措施
3 月	萌发期	成苗定植在大棚中。 施好催芽肥：施肥时期为萌芽前 1～2 周，施肥量为每亩施尿素 5～10 千克或复合肥 15～20 千克，硼砂 3～4 千克，有条件的配施腐熟菜子饼 50 千克或畜肥 1 000 千克。 绒球期用好铲除剂：用 3～5 波美度石硫合剂加 0.5%五氯酚钠混合液，对树体、地面整体喷雾，结果母枝提倡涂刷。
4～6 月	新梢生长期	斜、平、直整枝。 斜引：每株葡萄苗发芽后留 2 个长势健壮的芽促其生长，作为结果枝，葡萄蔓顺吊绳呈“V”形生长，当结果枝长到 1.4 米左右时及时摘心。 平拉：形成的两个枝条垂直于种植行将基部的 50 厘米段沿地平面平拉固定，夏芽副梢全部抹去。 直吊：平拉固定后的两个结果枝，继续顺吊绳直立生长，形成“U”形，50 厘米以上的每个夏芽副梢留 2 片叶摘心，再次萌发出的副梢留 1 片叶摘心，之后将反复长出来的副梢抹去，喷施磷酸二氢钾，达到控梢促花的目的。

（续）

时间	物候期	主要技术措施
7月	叶片黄化期	通过反复摘心控梢促花后枝蔓中间部位茎粗长到8～10毫米，枝条花芽饱满，已达到木质化后一个月，采取叶片黄化处理，使其落叶，强迫养分回流。
8月底、9月初		剪枝套盆：对木质化的枝蔓进行修剪，主要剪掉顶端的两个副梢，然后套盆，在盆上端1/3处沿枝条竖向割2～3条长5厘米左右、深1毫米（划破韧皮部即可）的割痕，目的是激发愈伤组织，促进新根生长。然后添加基质，并用固定架固定花盆。 涂药催芽：选择套盆口上方的2～3个冬芽涂抹单氰胺，打破休眠，促芽萌发。涂抹单氰胺时先将单氰胺溶液用水稀释20倍，将药液配好后，直接用刷子或毛笔蘸药液，均匀涂抹在冬芽上，使用的原则是要求芽芽见药，点芽以湿透芽眼为好。

（续）

时间	物候期	主要技术措施
9月中旬至10月	开花坐果，果实膨大期	定穗、疏果：坐果后按品种特性定穗和疏果。 枝蔓管理：顶端副梢摘心，其余副梢分批留1～3叶摘心，及时摘除卷须。 肥水管理：施好果实膨大肥，生理落果期开始施用，结合施肥及时浇水。根外追肥进行2～3次。 病虫防治：主要防治黑痘病、白粉病、白腐病和霜霉病，防治透翅蛾等，给果穗及时套袋。
11～12月	浆果膨大，开始进入成熟期	采前7天破袋见光，促进果实上色一致，果穗外形美观。

第七节　盆栽葡萄第二年及以后技术管理

两季盆栽葡萄采收后进行清园消毒，开沟施肥，亩施优质生物有机肥3～4吨。翌年不再栽苗，只需在第二次套盆的同时从基部培养新枝，养枝4个月后接着套盆，环割套盆及后续管理技术重复第一次操作规程，4个月后又可收获，采收后接着用剩下的枝蔓继续套盆，生产第二季盆栽葡萄，一年可生产两季盆栽葡萄，做到循环生产。

按照本方法有计划安排生产，从第二年开始每年循环两次，可做到一年四季都有盆栽葡萄上市，满足市场需求。

第三章 盆栽葡萄栽培品种

葡萄，又名蒲桃、草龙珠、山葫芦等。果实晶莹剔透、玲珑可爱、令人垂涎欲滴，且富有各种营养成分，并有神奇的药效。

全世界所有葡萄种都来源于同一祖先，但由于大陆分离和冰川的影响，使其分隔在不同的地区，进而经过长期的自然选择，葡萄种之间存在明显的区别，使原本具有共同祖先的葡萄种形成了三大种群，即欧亚种、美洲种和欧美杂交种。

世界上有 8 000 多个葡萄品种，我国葡萄品种也有 1 000 多个，按照从发芽至果实成熟的时间划分：105 天以内为极早熟品种、105～125 天为早熟品种、125～145 天为中熟品种、145 天以上为晚熟品种。

第一节　盆栽葡萄品种选择的原则

盆栽葡萄受生长期长短的影响较小，早、中、晚熟品种均可栽培。为实现一年两季收获，效益高、收效快、观赏性强，选择盆栽葡萄品种时，应遵循以下原则。

（1）按照葡萄生育期的长短，选用极早熟、早熟品种，生育期短，亩产率高，收益快。

（2）一般选用颗粒较大、果形美观、色泽鲜艳，果穗较紧凑并且具有一定观赏期的鲜食品种为宜。

（3）一般应选择结实率高、丰产性强、品质优良、抗病及抗污染力较强的品种，而生长势强、不易形成花序的品种则不宜盆栽。

（4）应选择果实艳丽，枝干弯曲古拙，叶片相对较小，易于结果且挂果期较长的品种。

第二节 盆栽葡萄品种介绍

1. 欧亚种

(1) 极早熟品种

① 6-12

品种来源：天津选育，又名超早娜，是近年发现的乍娜葡萄的枝变且表现稳定。

嫩梢黄绿色，阳面略带紫晕，并有稀疏的茸毛。幼叶淡紫红色，有光泽。成叶中等大，心脏形，5裂。叶面光亮无毛，叶柄长，淡紫色。果穗大，圆锥形。平均穗重800克，最大1 100克。果粒大，近圆形或椭圆形。平均粒重8.5克，最大14克。果皮紫红色，中等厚，果粉薄。肉质细脆，味清甜，微有玫瑰香味。含糖16%，品质上等，耐贮运。

该品种生长势旺，结果系数高，适合棚、篱架栽培，中梢修剪。

② 玫瑰早

品种来源：河北昌黎选育，以乍娜与郑州早红杂交育成，2001年通过鉴定。

叶片中大，浓绿色，较平展，表面光滑无毛，裂刻中浅或无，叶缘锯齿形状为双侧直，叶柄洼成宽拱状。1 年生枝扁圆形，暗红色。两性花。果穗圆锥形，有歧肩，较紧密。平均穗重 660 克，最大 1 630 克，平均粒重 7.5 克，最大 12 克。果粒紫黑色，甜酸适口，玫瑰香味很浓，品质极上。含可溶性固形物 18%以上，含酸 0.49%，较耐贮运。果实比巨峰早熟 30 天以上，属极早熟品种。抗病性较强，较抗霜霉病和白腐病。

生长势中等偏旺，极丰产。适合棚、篱架栽培，中、短梢修剪。

③ 玫瑰紫

品种来源：河北昌黎选育，以乍娜与郑州早红杂交育成，2001 年通过鉴定。

树势中强，嫩梢绿色带红褐色晕，幼叶光亮无毛，红褐色。成叶中大，心脏形，有裂刻，上裂刻深，下裂刻较浅，叶缘向上弯曲，锯齿大，中锐。卷须间隔，两性花。

果穗大，有歧肩，平均穗重 700 克，最大 1 560 克。果粒近圆形，平均粒重 7 克，最大粒重 9.3 克。果皮中等厚，紫红或紫黑色，果粉厚，肉脆多汁，甘甜爽口，含糖 16%～18%，品质上等。

成熟期比巨峰早熟 30 天以上，属极早熟品种。

(2) 早熟品种

① 维多利亚

品种来源：由罗马尼亚德哥沙尼葡萄试验站杂交育成，亲本为绯红和保尔加尔，1978 年进行品种登记。目前已成为土耳其、南非等国的主栽鲜食品种及主要出口鲜食品种之一；在引进栽培后表现综合性状良好，经济效益较高。

植物学性状：嫩梢绿色，具极稀疏茸毛；新梢半直立，节间绿色。幼叶黄绿色，边缘稍带红晕，具光泽，叶背茸毛稀疏；成龄叶片中等大，黄绿色，叶中厚，近圆形，叶缘稍下卷；叶片 3～5 裂，上裂刻浅，下裂刻深；锯齿小而钝；叶柄黄绿色，叶柄与主脉等长；叶柄洼开张宽拱形。1 年生成熟枝条黄褐色，节间中等长。两性花。

果实性状：果穗大，圆锥形或圆柱形，平均穗重 630 克，果穗稍长，果粒着生中等紧密，果粒大，长椭圆形，粒形美观，无裂果，平均果粒重 9.5 克，平均横径 2.31 厘米，纵径 3.20 厘米，最大果粒重 15.0 克；果皮绿黄色，果皮中等厚，果肉硬而脆，味甘甜爽口，品质佳，可溶性固形物含量 16.0%，含酸量 0.37%；果肉与种子易分离，每果粒含种子以 2 粒居多。

② 奥古斯特

品种来源：该品种由罗马尼亚布加勒斯特农业大学杂交育成，亲本为意大利和葡萄园皇后，1996 年由河北省果树研究所引入我国。

嫩梢绿色带暗紫红色，有稀疏茸毛。该品种新梢、叶柄及叶片基部主脉均呈紫红色，是识别品种的主要特征。果穗大，圆锥形，平均穗重 610 克，最大 1 500 克。果粒着生较紧密。果粒短椭圆形，平均粒重 8.3 克，最大 13 克，果粒大小均匀一致；果皮绿黄色，充分成熟后金黄色，果肉硬而质脆，稍有玫瑰香味，味甜可口，品质极佳，含可溶性固形物 15%，含酸 0.43%，糖酸比高。果实耐拉力强，不易脱粒，耐贮运。

生长势较强，枝条成熟度好。结果早、结实力强，结果枝率 50%，每果枝平均花序数 1.6；副梢结实力极强。丰产性强，抗病力较强，抗寒力中等。在平度大泽山区，4 月初萌芽，5 月下旬开花，7月底成熟。

该品种生长较旺盛，宜采用篱架、棚篱架或小棚架栽培，中、短梢修剪，适宜在露地及保护地栽培。

③ 红巴拉蒂

品种来源：欧亚种，别名红巴拉多、红秀、早生红秀。亲本为巴拉蒂和京秀。

品种特性：果穗大，平均单穗重600克，最大单穗重2 000克。果粒大小均匀，着生中等紧密，椭圆形，最大粒重可达12克。红巴拉蒂是日本甲府市米山孝之1997年利用“Balad”和我国选育的品种“京秀”进行杂交育出的新品种，2005年进行登记。多年的观测结果表明，红巴拉蒂为优质早熟的红色葡萄品种。

④ 夏至红

品种来源：原代号中葡萄2号，系中国农业科学院郑州果树研究所育成。亲本为绯红和玫瑰香。通过10年的观察，该品种为极早熟、大粒、优质葡萄新品种。

平均单穗重750克，最大可达1 300克以上。果粒着生紧密，果穗大小整齐。果粒圆形，紫红色，着色、成熟一致，粒均重 8.5 克，最大可达 15 克。果实充分成熟时为紫红色到紫黑色，不脱粒，不裂果。风味清甜可口，具轻微玫瑰香味，品质极上。

⑤ 早黑宝

品种来源：山西省农业科学院培育，2000 年 7 月通过了山西省科技厅组织的科技成果鉴定，欧亚种，四倍体。该品种穗大、粒大、紫黑色、味甜浓香，品质优良，早熟，集诸多优良性状于一身。

嫩梢黄绿带紫红色，有稀疏茸毛。幼叶浅紫红色，成龄叶片小，心脏形，叶面绿色，较粗糙；一年生成熟枝条暗红色，节间中等长。果穗圆锥形带歧肩，穗大，平均穗长 16.7 厘米，穗宽 14.5 厘米，平均穗重 426 克，最大穗重 930 克，果粒短椭圆形，果粒大，纵径 2.43 厘米，横径 2.2 厘米，平均粒重 7.8 克，最大 10 克。果粉厚；紫黑色，果皮较厚、韧；肉质较软，味甜，有浓郁玫瑰香味，可溶性固形物含量 15.8%，品质上等。

该品种树势中庸，平均萌芽率 66.7%，平均果枝率 56%，每一果枝上平均花序数为 1.37。副梢结实力较强，丰产性强，抗病性较强，适宜华北、西北地区栽植。在山西晋中地区，4月14日萌芽，5月27日左右开花，7月7日果实开始着色，7月27日果实完全成熟。

该品种适合篱架栽培，中、短梢修剪。

⑥ 京秀

品种来源：北京植物园培育，二倍体，嫩梢绿色，无附加色，具稀疏茸毛。

幼叶较薄，表面、背面均无茸毛，表面略有红紫色晕，有光泽。成叶近圆形，绿色，中等大，中厚，叶缘锯齿三角形，大而锐，先端尖，5裂，上裂刻深，下裂刻浅，叶柄较叶中脉短，叶柄洼开张矢形或拱形。1年生成熟枝条黄褐色，冬芽较大。枝条节间中等长，卷须间隔。两性花。

果穗圆锥形，平均穗重513克，最大1 100克。果粒着生紧密，椭圆形，平均粒重7克，最大12克，穗粒整齐，玫瑰红或鲜紫红色，皮中等厚，肉厚硬脆，前期退酸快，酸低糖高，酸甜适口，含可溶性固形物15％～17.6％，含酸0.39％～0.47％，种子小，2～3粒，品质上等。果粒着生牢固。果实成熟后，在树上可挂2个月以上，不皱不坏，品质更佳。生长势中等，结果系数高，丰产性好。适于干旱、半干旱地区露地栽培。也是保护地栽培的良好品种之一。

2. 欧美杂交种

早熟品种

①京亚

品种来源：北京植物园培育，欧美杂交种，四倍体。为纪念1990年北京亚运会而命名为“京亚”。

嫩梢黄绿，附加紫红色，幼叶绿色，中等厚。成叶近圆形或心脏形，为深绿色，中等大，中等厚，3～5裂。叶柄带有紫红色，叶柄洼为开张矢形。枝条节间中等长，成熟枝条红褐色。

果穗圆锥形或圆柱形，少数有副穗，平均穗重478克，最大1 070克。果粒着生中等紧密，平均粒重10克，最大20克，椭圆形，紫黑色，果粉厚，果皮中等厚，种子小，1～2粒，肉质中等硬度或较软，汁多甜酸，有草莓香味。含可溶性固形物13.5%～18%，含酸0.65%～0.9%，品质中上等。生长势较强，结果系数高。抗病性强，适应性广。比巨峰早熟20天，属早熟品种。另外，该品种还特别适合无核化栽培，商品价值可提高数倍。

② 黑蜜

品种来源：黑蜜葡萄是日本农林水产省果树试验场安艺津支场从巨峰自交实生中选育的早熟、极大粒葡萄新品种。黑蜜是非常有前途的巨峰系早熟品种。

果穗圆锥形，有歧肩，穗重 460～530 克，果粒蓝黑色，粒大，粒重 9～13 克，与巨峰相似。果皮厚而韧，易剥离，果粉多，味甜，有草莓香味，品质极佳。产量与巨峰相似，不裂果。

黑蜜葡萄长势中庸偏旺，结果系数高，篱架与棚架栽培均可，密度与栽植方法可参考巨峰葡萄。

③ 紫珍香

品种来源：辽宁省农业科学院杂交育成，欧美杂交种，四倍体。

嫩梢绿色，有紫红附加色，略带茸毛。幼叶背面密被白色茸毛，叶面茸毛少。成叶中大，3～5 裂，叶面无茸毛，叶背茸毛多。1 年生成熟枝条深褐色，节间长度中等。两性花。

果穗圆锥形，无副穗，较整齐，平均穗重500克，最大1 500克。果粒着生紧密。果粒长椭圆形，平均粒重12克，最大18克。果皮紫红色，完全成熟后呈紫黑色，中厚，易剥离。果粉多。果肉较软，果汁较多，含可溶性固形物17.5%，具玫瑰香味，酸甜适口。耐贮运、丰产、抗病。

④ 黑色甜菜

品种来源：欧美杂种，别名：黑彼特、黑锥。亲本为藤稔和先锋。

品种特性：平均单穗重600克，最大单穗重1 250克。果粒短椭圆形，单粒重14～18克，大的20克以上。上色好，果粉多，果皮厚，肉质硬爽，多汁美味，可溶性固形物含量16%～17%，品质中等。该品种抗病，丰产易种，比巨峰早熟20天以上，为极早熟品种，有望成为巨峰群早熟品种的主栽品种。

⑤ 香悦

品种来源：由玫瑰香芽变为母本、紫香水芽变为父本杂交育成。属欧美杂交种、四倍体、中晚熟品种。由沈阳奉天葡萄研究中心葡萄研究员徐桂珍、陈景隆等人杂交培育。

该品种大粒、中穗、果实风味浓郁怡人，品质极佳。果穗圆锥形，平均重 568.8 克，最大穗重 1 080.5 克。果粒近圆形、特大，果粒平均重 10.2 克，最大 18.6 克，含可溶性固形物 16.2%。坐果率高，果实着生紧密；黑紫色、着色一致、易上色；不脱粒、不裂果、耐运输。抗逆性强、适宜范围广。树势旺、早果性强、丰产、稳产。

3. 无核葡萄品种

(1) 极早熟品种

① 碧香无核

品种来源：国内培育，（葡萄园皇后×意大利）×莎芭珍珠杂交育成。欧亚种，二倍体，无核。

该品种是目前最早熟的无核葡萄品种，比京亚早熟 15 天，比青提早熟 20 天，比奥古斯特早熟 15 天，比维多利亚早熟 20 天。

果穗圆锥形，有歧肩，穗重 600～800 克，最大 1 200 克。穗形整齐。果粒近圆形，黄绿色，果粉薄，着生松紧度适中。平均粒重 4 克，疏果或膨大后能达到 6～8 克。果实总含糖量 18.9%，含酸量 0.25%，含可溶性固形物 22%，浓香、特甜、脆肉、无核，品质极优。

② 无核寒香蜜

品种来源：欧美杂交种，国内培育，极早熟，风味香甜如蜜，抗寒抗病，因此得名。

嫩梢白绿色，密生绿色茸毛，茎尖几片小嫩叶粉红色，正反两面都有茸毛。节间中等长，成龄叶片近圆形，中等大而厚，无裂刻。叶面粗糙，叶背密生茸毛，锯齿钝。果穗圆锥形，多生二穗，单穗重 300～500 克，果粒着生紧密，近圆形，平均单粒重 4 克，膨大处理后可增加 1～2 倍。果皮粉红色，较厚。果粉中等厚，果肉软而多汁，含糖 18%左右，香味浓，品质佳。

该品种树势强，结果率高，双穗率高，适合中短梢修剪。植株抗寒、抗病性极强，全国各地都能种植。比巨峰早熟 20 天以上，属极早熟品种。

(2) 早熟品种

① 弗蕾无核

品种来源：美国培育，欧亚种，1983 年引入我国。又名火焰无核、早熟红无核、红光无核、红珍珠无核等。

嫩梢绿色，幼叶棕红色，茸毛稀少。成叶心脏形，较大，中等厚，表面光滑有光泽，叶缘向上，5裂。1年生成熟枝条呈浅红色，节膨大明显。

果穗圆锥形，带副穗，大而整齐，平均穗重565克，最大920克。果粒着生紧密。果粒红色，近圆形，平均粒重4.5克，色泽美观。果皮果粉匀、薄，果肉脆，甘甜爽口，果皮与果肉难分离，果汁中等，含可溶性固形物15%～17%，无核或残核。果粒着色和成熟整齐一致，无绿粒。在树上可挂果时间长，过熟采收不落粒、不裂果、不软化、不萎缩、耐贮运。

树势强，抗性好，丰产。在山东平度7月初果实成熟，属极早熟品种。

② 夏黑

品种来源：又名夏黑无核。欧美杂交种。巨峰系。日本培育，2000年引入我国。

果穗多为圆锥形，有部分为双歧肩圆锥形，无副穗。平均穗重415克，果穗大小整齐。果粒着生紧密或极紧密。果粒近圆形，平均粒重 3.5 克，膨大处理后果粒重加倍。紫黑色至蓝黑色，着色一致，成熟一致。果皮厚而脆，无涩味，果粉厚。果肉硬脆，无肉囊，果汁紫红色。味浓甜，有浓郁的草莓香味。无核，无小粒、青粒，含可溶性固形物 20%～22%，品质优。挂果时间长，耐贮运。

植株生长势极强。隐芽萌发力中等，萌芽率 85%～90%，成枝率 95%，枝条成熟度中等。每果枝平均花序数 1.45～1.75。隐芽萌发的新梢结实力也强。

树势强健，抗病力强，属早熟品种。

③ 金星无核

品种来源：20 世纪 80 年代由美国引入，欧美杂交种。经过近二十年的栽培，表现出特抗病、特丰产、适应性特广等优点。

嫩梢淡绿色，茸毛较多。成龄叶较大，浅绿色，中等厚。枝条成熟后节间淡红色。果穗中等大，圆柱形，有副穗。平均穗重 370 克，最大 630 克。果粒平均重 4.2 克，膨大素处理后可达 8～10 克，果粒圆形或椭圆形，蓝黑色，果粉厚。果肉略软，多汁，芳香味浓。可溶性固形物16%～19%，品质极上。有时个别有残存的种子，食用时无明显感觉。

生长势强，特丰产。对黑痘病、霜霉病和白腐病抗性极强。

④ 无核早红（8611）

品种来源：河北培育，又叫无核8611、美国无核王、超级无核。欧美杂交种，三倍体，无核。

嫩梢绿色带紫红色，幼叶绿色，成叶较大，近圆形，3～5裂。1年生成熟枝条红褐色，横截面近圆形，表面有条纹。果穗圆锥形，平均穗重290克。果粒近圆形，平均粒重4.5克，紫红色，果粉及果皮中厚，肉脆，含可溶性固形物14.3%，品质中上等。

经膨大处理后，果穗平均重1 030克，最大1 600克。粒重9～10克，最大19.3克。处理前无核率85%，处理后无核率达100%。处理后果粒由近圆形变为椭圆形，充分成熟后酸甜适口，果皮微涩。

生长势极强，枝条成熟度好。结实力、丰产

性均强。对白腐病、霜霉病、炭疽病、黑痘病等抗性强。适应性广，对土壤要求不严。适合棚、篱架栽培，中、短梢修剪。8611是早熟品种，但前期脱酸较慢，最好等完全成熟后再采收。

⑤无核8612

品种来源：河北培育，8611的姊妹系，欧美杂交种。

嫩梢浅紫红色，幼叶绿色，叶缘浅紫红色，有光泽，茸毛密。成叶较大，深绿色，近圆形，3～5裂，上侧裂刻深，下侧裂刻浅，叶柄洼窄拱形或矢形。叶柄、叶脉紫红色。1年生成熟枝条红褐色，节间较长。卷须间隔性。两性花。

果穗多圆锥形。平均穗重300克，着粒中等紧密。果粒椭圆形，平均粒重4.8克。膨大处理后能达到8～10克。果粉中等。果皮中等厚且韧，易剥离。果肉肥厚稍脆，极细腻，味较甜，含可溶性固形物14%～18%，稍有玫瑰香味，品质上等。着色整齐一致，成熟后不易裂果、脱粒，较耐贮运。丰产性较强，抗性强，比8611早熟3～5天。全国各地均能种植。

第四章 葡萄的生物学特性

葡萄的生物学特性是指葡萄生长发育、繁殖的特点和有关性状，如种子发芽，根、茎、叶的生长，花果种子发育、生育期、分枝特性、开花习性、受精特点、各生育时期对环境条件的要求等。

第一节　生长习性

1. 根

葡萄的根系，是由多年生的骨干根和当年生的幼根组成。各级侧根上长有乳白色的幼根，先端长有无数根毛。主根的各级侧根的主要功能是输导养分、水分，贮藏有机营养和固定树体；而幼根主要吸收矿质营养、水分和合成有机化合物。葡萄植株根系的功能除固定植株外，主要是从土壤中吸收水分和营养物质及积累贮藏养分，也是葡萄地上部更新复壮的物质基础。根的生长过程是通过根尖分生组织的细胞分裂而实现的。

葡萄根系的周期生长动态，因气候（温度、光照、降雨）、地域、土壤和品种的不同而表现出差异。

葡萄根系的生长期比较长，在土温常年保持在13～25℃和水分适宜的条件下，可终年生长而无休眠期。在一般情况下，春、夏和秋季，各有一次发根高峰，以春、夏季发根量最多。研究表明，当土温达到5℃以上，巨峰葡萄根系开始活动，地上部分也进入伤流物候期；当土温上升到12～14℃，根系开始生长；土温达20～25℃，根系进入活跃生长的旺盛期；土温超过25℃后，根系生长受到抑制而迅速木栓化或死亡。适宜于根系生长的土壤湿度为田间最大持水量的60%～80%。在炎热的夏季，白天过高的温度会抑制根的生长。9～10月，气候转凉，当土壤的温度、湿度适宜根系生长时，根系再次进入生长高峰。此后，随着土壤温度不断降低，根系逐渐停止活动。葡萄根系的生长与新梢的生长交替进行，根系第一周期的生长量大于第二周期的生长量。

土壤的水分和养分状况及其有关理化特性，对根系的生长起决定性的影响作用。在土层深厚、疏松、肥沃、地下水位低的条件下，葡萄根系生长迅速，根量大，分布深度可达 1～2 米；相反，根系分布浅而窄，根量少，一般在 20～40 厘米。土壤渍水可导致根系因缺氧而腐烂。

2. 茎

葡萄的茎细长，较柔软而有韧性，通常称为枝蔓。一般分为主干、主蔓、侧蔓、结果母蔓、一年生蔓、新梢和副梢等。一年生蔓上的饱满芽能在下年萌发并开花结果的叫结果母蔓。带有叶片的当年生枝称为新梢，带有果穗的新梢叫结果枝，没有果穗的新梢为发育枝。两年生以上的枝蔓包括主干、主蔓、侧蔓等，一般都失去了结果能力，只能起到组成树体、结构和输导贮存养分和水分的作用。

3. 叶

葡萄叶由叶片、叶柄和托叶组成。形如掌状，通常有 3～5 个裂片，裂片之间缺口称为裂刻。叶片自展叶到叶片停止增大为止所需的天数，主梢叶片为 22～31 天，副梢为 18～20 天。叶片有两个生长高峰期，第一个生长高峰在展叶后 4～6 天，第二个生长高峰在展叶后 10～12 天。当秋天气温降到 10 ℃时，叶柄产生离层，叶片开始脱落。

4. 芽

葡萄的芽为混合芽，分为冬芽、夏芽和潜伏芽。冬芽由一个主芽和多个副芽组成，第二年春冬芽先萌发为新梢，如带花序就是花芽，不带花序的为叶芽。葡萄芽具有早熟性，因而能在一年内多次形成并多次结果。葡萄芽形成时，由于不同的外界条件和各种不同的生物学特性，使各节位处的芽质不同，了解这一特性有助于在冬剪时决定选留结果母蔓的长度。

第二节 结果习性

1. 花序和花

葡萄的花序由花穗梗、穗轴、花梗和花蕾组成。花序一般分布在结果新梢的 4～7 节上。花序以中部的花蕊成熟得早，基部次之，穗尖最晚。葡萄的花器由花冠、雄蕊、雌蕊、花萼、花托、蜜腺和花梗7部分组成。葡萄的整个花芽分化过程，一般从上一年5～6月开始，首先分化为花序原基，此后花序原基在当年只进行缓慢分化，进入冬季休眠期，花芽分化基本停止，第二年继续分化。雌蕊由子房、花柱和柱头3个部分组成；雄蕊包含花丝和花药两部分，花药里含有大量花粉，开花期间花粉散落在柱头上，产生花粉管，并进入柱头，受精后形成果实和种子。

2. 果实和种子

葡萄花经过授粉受精后发育成果粒。若干果粒组成果穗，一般正常发育的花序具有200～2 000个花蕾，葡萄的种子具有坚实而厚的种皮，上被蜡质。同一品种果粒内种子多的较种子少的果粒大。有些品种不受精也能发育成为浆果，这种现象称为“单性结实”。有的种子受精后不发育而果实仍发育正常。这种现象称为“种子败育”，如无核品种。

葡萄从受精坐果到果实成熟，一般经历2～4个月，在此期间，果粒不断长大，但生长速度随季节而有变化。一般早熟品种为35～60天（莎巴珍珠、早玫瑰、京秀、郑州早红、凤凰51号、乍娜等），中熟品种为60～80天（葡萄园皇后、藤稔、巨峰、京超、高墨、黑比诺等），晚熟品种为80～90天或更多（玫瑰香、牛奶、意大利、红地球、秋黑、大宝、雷司令、贵人香、赤霞珠等）。一般在开花后一周，果粒约绿豆大时，由于有些花朵的子房发育异常，常出现第一次生理落果。落果后留下的果实，一般需经历快速生长期、缓慢生长期和第二次迅速生长成熟期三个生长阶段，整个果实生长发育呈双S形曲线。

第Ⅰ期：果实的纵径、横径、重量和体积的增长显著，是果实生长发育的最快时期。此期内，果实为绿色（极个别品种除外），果肉硬，含酸量迅速增长，含糖量处于最低值。以巨峰品种为例，持续期为35～40天。

第Ⅱ期：外观呈现停滞，但果实质地及果皮硬化，胚迅速发育，完成各部分的分化，是果实缓慢生长期。此期内，果实中有机酸含量不断增加并达到最高值，以苹果酸为主，其次为酒石酸、醛糖酸等，糖分开始积累，主要是葡萄糖，其次是果糖。这阶段，早熟品种持续时间较短，晚熟品种则较长，一般为1～5周，巨峰品种需15～20天。

第Ⅲ期：果实的第二次生长发育高峰，但生长速度次于第Ⅰ期，为果实成熟期。此期内，果粒逐渐变软，红色品种开始着色，黄绿色品种绿色减退，变浅、变黄。果实中的不溶性原果胶转变为果胶，使果实由硬变软，糖分迅速积累，酒石酸含量不断减少，苹果酸参与代谢、分解，一部分转化为糖和其他有机酸，另一部分在呼吸过程中消耗，持续时间30～60天。

果实成熟期色素不断积累，单宁物质不断减少，形成各种芳香物质。决定玫瑰香味的主要物质是里那醇和牻牛儿醇，美洲葡萄的草莓味决定物质是氨茴酸甲酯。葡萄品种的典型香味只有在果实充分成熟时才能表现出来。从果实开始变软和着色时为成熟开始，直到果实含糖量不再增加时，即达到完全成熟期。

果实生长有明显的昼夜变化，果粒增大主要是在夜间，白天增量较小。

第三节 对环境条件的要求

1. 温度

葡萄的生物学零度为10 ℃，10 ℃以上的温度称为有效温度。葡萄不同成熟期的品种需要有效积温在2 100～3 500 ℃。气温在22～30 ℃时葡萄光合作用最强，大于35 ℃则同化效率急剧下降，大于40 ℃则易发生日灼病。

欧洲葡萄品种对低温抗性不如欧美杂种品种。欧洲种葡萄在通过正常的成熟和锻炼过程之后，其芽眼可以忍受－18～－16 ℃低温，美洲种可忍受－21～－20 ℃低温。春季，嫩梢和叶片在－1 ℃时开始受冻，0 ℃时花序受冻；秋季，叶片和浆果在－5～－3 ℃时受冻。葡萄根系抗寒力弱，欧洲种根系－7～－5 ℃时受冻，美洲种能忍受－12～－11 ℃低温，山葡萄的根系最抗寒，可抗－16～－14 ℃的低温。

2. 光照

葡萄是喜光植物，对太阳辐射中的光合有效辐射波长为380～710纳米，吸收利用系数为

2%，叶片的光饱和点为30 000～50 000勒克斯，补偿点为1 000～2 000勒克斯。葡萄是长日照植物，当日照长时，新梢才会正常生长，日照缩短，则生长缓慢，成熟速度加快。

3. 降水量

葡萄是比较耐旱的果树，有些品种也能忍受较高的湿度。年降水量在600～800毫米是较适合葡萄生长发育的。生育期间雨水少，将降低病虫害的发生，成熟期雨水少、多日照，则品质好。

4. 土质

葡萄对土壤的适应性强，从黏土到沙土，从酸性到碱性，几乎所有的土壤都能适应。但葡萄在不同类型土壤上的表现是有差异的，如平原地的土壤，土层厚、有机质丰富、土壤肥沃，葡萄长势强、粒大穗大、产量高，但浆果品质较差；而黄土丘陵处，土层深厚，保水、保肥力强，可以进行旱作并能获得优质高产。在含盐量不超过0.2%、pH在9以下的盐碱地，也可栽植葡萄。总之，葡萄对土壤的要求不严，但山地优于平地，沙土优于黏土。

第五章
智能温室设计与建设

温室是以采光覆盖材料作为全部或部分围护结构材料，具有透光、防寒、保温等作用，可在冬季或其他不适宜露地植物生长的季节栽培植物的建筑。

第一节　分类及性能

1. 温室功能分类

根据温室的最终使用功能，可分为生产性温室、试验（教育）性温室和允许公众进入的商业性温室。蔬菜栽培温室、果树花卉栽培温室、养殖温室等均属于生产性温室；人工气候室、温室实验室等属于试验（教育）性温室；各种观赏温室、零售温室、商品批发温室等则属于商业性温室。

按温室型号，可以分为单栋温室、连栋温室；按温室采光材料分，可以分为薄膜温室、玻璃温室、塑料板温室；依加温条件等又可分为加温温室、不加温温室。目前，温室的分类侧重于按采光材料划分。

（1）**玻璃材质** 玻璃温室是以玻璃为透明覆盖材料的温室。

① 设计要求。基础设计时，除满足强度的要求外，还应具有足够的稳定性和抵抗不均匀沉降的能力，与柱间支撑相连的基础还应具有足够的传递水平力的作用和空间稳定性。温室底部应位于冻土层以下，采暖温室可根据气候和土壤情况考虑采暖对基础冻深的影响。一般基础底部应低于室外地面0.5米以上，基础顶面与室外地面的距离应大于0.1米，以防止基础外露和对栽培作物产生不良影响。除特殊要求外，温室基础顶面与室内地面的距离宜大于0.4米。

② 独立基础。通常采用砌体结构（砖、石），施工也采用现场砌筑的方式进行，基础顶部常设置一钢筋混凝土圈梁以安装埋件和增加基础强度。

③ 钢结构。主要包括：温室承重结构和保证结构稳定性所设的支撑、连接件、紧固件等。我国玻璃温室钢结构的设计主要参考荷兰、日本和美国等国的温室设计规范进行。但在设计中必须考虑结构强度、结构钢度、结构整体性和结构耐久性等问题。

玻璃温室一般可以分为文洛型和大屋脊型，顶部多采用钢化玻璃，四周采用普通浮法玻璃或者中空玻璃，也有玻璃温室顶部采用阳光板，四周采用玻璃等。

(2) PC 阳光板材质 大型连栋式 PC 阳光板温室是近十几年出现并得到迅速发展的一种温室类型。与玻璃温室相比，它具有重量轻、骨架材料用量少、结构件遮光率小、造价低、使用寿命长等优点，其环境调控能力基本上可以达到玻璃温室的相同水平，阳光板温室用户接受能力在全世界范围内远远高出玻璃温室，成为现代温室发展的主流。

① PC 阳光板温室的总体尺寸。此类温室在不同国家有不同的结构尺寸。但就总体而言，通用温室跨度在 6～12 米，开间在 4～8 米，檐高

3～4 米。以自然通风为主的连栋温室，在侧窗和屋脊窗联合使用时，温室最大宽度宜限制在 50 米以内，最好在 30 米左右；而以机械通风为主的连栋温室，温室最大宽度可扩大到 60 米，但最好限制在 50 米左右；对温室的长度，（从操作方便的角度来讲）最好限制在 100 米以内，但没有严格的要求。

② 主体结构。PC 阳光板温室主体结构一般都用热浸镀锌钢管作主体承力结构，工厂化生产，现场安装。由于阳光板温室自身的重量轻，对风、雪荷载的抵抗能力弱，所以，对结构整体的稳定性要有充分考虑，一般在室内第二跨或第二开间要设置垂直斜撑，在温室的外围护结构以及屋顶上也要考虑设置必要的空间支撑。最好有斜支撑（斜拉杆）锚固于基础，形成空间受力体系。

抗逆能力：阳光板温室主体结构至少要有抗 8 级风的能力，一般要求抗风能力达 10 级；主体结构的雪荷载承载能力要根据建设地区实际降雪条件和温室的冬季使用情况确定，在北方使用，设计雪荷载不宜小于 350 牛/米^2；对于周年运行的阳光板温室，还应考虑诸如设备重量、植物吊重、维修等多项荷载因素。

(3) **塑料膜材质** 前坡面夜间用保温被覆盖，东、西、北三面为围护墙体的单坡面温室。其雏形是单坡面玻璃温室，前坡面透光覆盖材料用塑料膜代替玻璃，即演化为早期的日光温室。日光温室的特点是保温好、投资低、节约能源，非常适合我国北方农村使用。

日光温室主要由围护墙体、后屋面和前屋面三部分组成，简称日光温室的“三要素”，其中前屋面是温室的全部采光面，白天采光时段前屋面只覆盖塑料膜采光，当室外光照减弱时，及时用活动保温被覆盖塑料膜，以加强温室的保温。日光温室还可配置顶部开窗系统，卷膜系统等。

2. 性能

(1) **透光性** 温室是采光建筑，因而透光率是评价温室透光性能的一项最基本指标。透光率是指透进温室内的光照量与室外光照量的百分比。温室透光率受温室透光覆盖材料透光性能和温室骨架阴影率的影响，而且随着不同季节太阳辐射角度的不同，温室的透光率也在随时变化。

温室透光率的高低就成为作物生长和选择种植作物品种的直接影响因素。

（2）**保温性** 加温耗能是温室冬季运行的主要障碍。提高温室的保温性能，降低能耗，是提高温室生产效益的最直接手段。温室的保温比是衡量温室保温性能的一项基本指标。温室保温比是指热阻较小的温室透光材料覆盖面积与热阻较大的温室围护结构覆盖面积同地面积之和的比。保温比越大，说明温室的保温性能越好。

（3）**耐久性** 温室建设必须要考虑其耐久性。温室耐久性受温室材料耐老化性能、温室主体结构的承载能力等因素的影响。透光材料的耐久性除了自身的强度外，还表现在材料透光率随着时间的延长而不断衰减，而透光率的衰减程度是影响透光材料使用寿命的决定性因素。一般钢结构温室使用寿命在 15 年以上。要求设计风、雪荷载为 25 年一遇最大荷载。

由于温室运行长期处于高温、高湿环境下，构件的表面防腐就成为影响温室使用寿命的重要因素之一。钢结构温室，受力主体结构一般采用薄壁型钢，自身抗腐蚀能力较差，若在温室中采用则必须用热浸镀锌表面防腐处理，镀层厚度达到 150 微米以上，可保证 15 年的使用寿命。对于木结构或钢筋焊接桁架结构温室，必须保证每年做一次表面防腐处理。

第二节　智能型温室

智能型温室是在日光温室的基础上，再辅以温度、光照、二氧化碳浓度调控模式的温室。

我国北方周年生产盆栽葡萄，多采用智能型温室。其设计建设以青岛沙北头蔬菜专业合作社和青岛四里蔬菜专业合作社智能型温室为例，加以说明。

1. 性能

智能温室高标准设计建设，对盆栽葡萄生产以及所产生的经济效益至关重要。因此，从温室设计开始，就要高起点、高标准，制定详细的设计建设方案和操作技术规程。首先，要考虑到当地的气候条件、葡萄的生长规律和商品价值，充分利用好天时、地利等自然优势；其次要遵循便于经营管理和应用现代科学技术手段的原则。

智能温室使用阳光板的越来越多，PC阳光板质量轻，是同等厚度玻璃的1/15，中空结构保温效果好，透光率虽然比玻璃低，但也可以达到80%以上的透光率。阳光板可以冷弯成各种弧度，不易碎，施工方便，安全性好，高档的阳光板可以使用10年以上。

2. 温室主体

温室结构属于轻型钢结构，其结构设计与常规的工程结构设计没有本质的区别。同时，温室建筑还有较强的行业性特点，所以还应当遵循相关的标准和本行业的质量检查规范。农用温室设计要注意遵循农业部的标准规范。主要依据有：

①NYJ/T 06—2005《连栋温室建设标准》；

②NYJ/T 07—2005《日光温室建设标准》；

③JB/T 10286—2001《日光温室结构标准》；

④JB/T 10288—2001《连栋温室结构标准》；

⑤NY/T 1420—2007《温室工程质量验收通则》；

⑥NY/T 1145—2006《温室地基基础设计、施工与验收技术规范》。

(1) 主体结构 采用9.6米、10.8米、12

米三种跨度、每开间 4 米或 8 米、Venlo 型三屋脊结构。

(2) 性能指标

①雪载：350 牛/米^2；②风载：450 牛/米^2；③自重：14 千克/米^2；④恒载：15.5 千克/米^2；⑤最大排雨量：>120 毫米/小时；⑥屋面角度：23°；⑦温室电参数：220 伏，50 赫兹，PHL/380 伏，50 赫兹，PH3。

(3) 规格尺寸 连栋温室宽（跨度）10.8 米，柱间距（开间）4 米，基础高 0.5 米，肩高 4.5 米，脊高 5.3 米，含外遮阴总高 6.0 米。

(4) 主体骨架 温室主体骨架采用国产热镀锌钢管和钢板。

(5) 基础及地面 工程为 Venlo 型三尖顶阳光板温室，设计参照国家标准 GBJ5007—2002《建筑地基基础设计规范》温室周边基础采用 240 毫米宽条形砖基，基础埋深 1.0 米，顶面标高 0.500 米±0.000 处设置 240 毫米厚钢筋混凝土圈梁压顶，其上预埋钢板，与上部钢柱焊接。温室条形基础及独立基础按天沟方向双向找坡 2.5‰，找坡从基础顶面找起，室内柱基顶标高采用变高处理。温室主体结构设计雪压为350牛/米^2，设计风压为400牛/米^2。

此外，为保证雨季及时有效地排水，在温室四周设有C10混凝土散水，宽度600毫米。

(6) **覆盖材料** 温室顶部和四周均采用8毫米厚PC阳光板覆盖，该板具有以下特性。

① 抗紫外线。该PC板表面经过抗紫外线技术处理，防紫外线层厚度大于50微米。紫外线保护层渗透于板材外表，保证其长期使用。在保持长效抗冲击性以及抗老化的同时，使透光率减少减到最小。

② 防止室内滴露。该PC板所具有的特殊的单面涂层，经过特殊处理，能够有效地分解板材表面所产生的结露。

③ 超强的隔热性。该PC板具有超强的隔热性，比传统的采光隔热方法节约能源高达50%。

④ 抗破损性。该PC板是一种安全的高抗冲击性的采光材料，与其他温室材料相比，抗冲击性最强，而且不会因为老化或破损而需要经常更换，在遭受强烈的暴风雨、冰雹及冰雪的情况下，板材不会受损，从而节约更换费用；落锤冲

击试验：10 千克重锤，从 2 米高处下落，冲击后无破裂、无裂纹。

⑤ 高防火性。具有良好的防火性，所以它比其他的塑料材料更适合于温室应用，它的自熄性能符合许多国家的防火标准，难燃等级为难燃一级。

⑥ 易施工性。该 PC 板比其他材料轻，易运输，易施工。能够冷弯成弧形，最小弯曲半径为其板厚的 175 倍。可以长期保持其完美外观。

⑦ 持久性。人工气候老化实验 4 000 小时，黄变度为 2，透光率仅降低 0.6%。

⑧ 质轻。重量是相同厚度玻璃的 1/15，重量约为 1 500 克/米^2。

⑨ 热膨胀系数。7.0×10^{-5} 米/(米·℃)。

(7) 温室门 该温室设置推拉门，尺寸为 2.0 米×2.4 米（宽×高）双扇推拉，上部滚轮导轨。

3. 外遮阳降温系统

(1) 系统组成 电动减速机、外遮阳幕布、托、压幕线、传动轴、拉幕齿轮齿条、推拉杆、驱动边铝合金型材、定位卡簧、配重板以及相应连接附件等。

(2) **系统简述** 外遮阳保温系统与内遮阳系统相比，增加了骨架部分，该遮阳系统可以通过调节光照来改善温室内的生态环境。夏季当室内温度上升到一定值时，据不同遮阳率能反射部分阳光，并使阳光漫射进入室内，均匀照射作物，以达到降温的目的。关闭遮阳保温幕，同时使温室温度下降 4～6℃，以降低温室内的温度，通过选用不同的遮阳率的幕布，可满足不同作物对阳光的需求。除此以外，此系统还有冰雹防护作用等，外遮阳系统单独由控制器控制。

(3) **外遮阳骨架** 立柱采用 50 毫米×50 毫米×2.0 毫米方管，横梁采用 50 毫米×50 毫米×2.0 毫米方管，端横梁采用 70 毫米×50 毫米×2.0 毫米方管，从开间方向两头第二排立柱与第三排立柱之间均用 Φ32 热镀锌圆管作为斜拉撑。所有钢构件均采用热浸镀锌，镀锌层厚度不小于 60 微米。钢材质量符合 GB700—1988 标准中有关规定，骨架质保期为 15 年，实际使用寿命大于 20 年。

(4) **外遮阳幕** 在温室的顶部，高出屋脊约

0.6 米处安装外遮阳保温幕。外遮阳幕布克服了国产传统黑色针织网收缩大、遮阳率不准确、老化快、易脆化、酥化等缺点。夏季，打开遮阳幕能给温室内部降低 3～5 ℃；冬天，幕布还能减少温室向外的热量辐射，能防止暴雨、冰雹、落物对温室建筑及植物的侵害，能将温室霜害限制在最低限度。该遮阳保温幕布能在使用许多年之后仍保持清洁、有效。材料内添加的紫外线稳定剂对温室内常用的化学物质都有抵抗作用，实际使用寿命在 10 年以上。

(5) **启闭方式**　温室遮阳系统启闭采用自动、手动控制模式，沿温室开间方向启闭，该系统操作简单，运行平稳。

(6) **系统控制**　温室电控柜上装有手动/自动转换开关，遮阳电机可在操作人员的指令下实现开闭。电机自带工作限位和安全保护开关，实现安全可靠的动作。

4. 内遮阳系统

(1) **系统组成**　电动减速机、内遮阳幕布、托、压幕线、传动轴、拉幕齿轮齿条、推拉杆、驱动边铝合金型材、定位卡簧、配重板以及相应连接附件等。

（2）**系统简述** 内遮阳系统可以通过调节光照来改善温室内的生态环境，夏季当室内温度上升到一定值时，根据不同遮阳率反射部分阳光，并使阳光漫射进入室内以达到降温的目的；关闭内遮阳幕布，可使温室温度下降4～6℃，以降低室内的温度。相反，冬季夜间，关闭内遮阳幕布，可以有效地阻止红外线外逸，当夜间温室或室内温度下降到设定的温度低限值时，关闭内遮阳幕布，加强温室的保温，减少地面辐射热流失，减少加热能源消耗，大大降低温室运行成本；在白天则可打开内遮阳幕布，使温室充分采光。该系统均单独由控制器控制。

（3）**内遮阳幕** 在温室内天沟下设置内遮阳系统。内遮阳材料采用常州博曼生产的铝箔遮阳幕。该遮阳幕布由4毫米宽的铝箔和聚酯材料经高强聚酯纱线编制而成。特殊的铝箔和聚酯赋予出众的辐射反射和透射功能，从而保证白天室内温度较低且节能效果很好，夜间作物温度与周围环境温度基本相当。良好的室内气候条件避免了叶面结露，减少病害，并降低能源费用。

铝箔遮阳幕的编制结构使充足的水汽透过，防止幕下部结露；由于该幕布是一种高强度抗紫外线，防静电的产品，它能在使用许多年之后仍保持清洁、有效。材料内添加的紫外线稳定剂对温室内常用的化学物质都有抵抗作用。

（4）**驱动系统** 采用齿轮齿条驱动系统，具体分项说明如下。

① 幕线。托、压幕线均为 Φ2.2 毫米聚酯线，抗拉强度 2 700 兆帕，托幕线间距为 0.4 米，压幕线间距为 0.8 米；托、压幕线采用透明幕线，具有优异的防潮抗老化性能。

② 齿轮齿条。采用温室专用拉幕齿轮齿条，L=3 965 毫米、T=3 毫米，质量可靠，运行平稳。

③ 传动轴。采用国标 Φ32 毫米×2.5 毫米热镀锌钢管，中部通过链型联轴器与电机相连，其余部分与齿条相连，齿条间距 4.0 米。通过齿条将驱动轴的圆周运动转换为均匀的直线运动。

④ 推拉杆。采用 Φ32 毫米×2.0 毫米的热镀锌钢管，每根齿条连接 1 列，与屋脊的方向一致；与推拉杆连接的驱动幕杆为专用铝型材，沿

跨度方向横向布置，带动幕布启闭。

⑤ 连接件。均采用热浸镀锌，镀锌层厚度不小于60微米。

⑥ 电机。采用国产电机，功率0.55千瓦，速比300：1，限位5～55转，电源采用三相工频电，交流三相380伏，频率50赫兹。

⑦ 启闭方式。温室遮阳系统启闭采用自动、手动控制模式，沿温室开间方向启闭，该系统操作简单，运行平稳。

⑧ 系统控制。温室电控柜上装有手动/自动转换开关，遮阳电机可在操作人员的指令下实现开闭。电机自带工作限位和安全保护开关，实现安全可靠的动作。

5. 风机—湿帘降温系统

（1）**系统组成** 包括湿帘本体、水循环系统、潜水泵、轴流风机等附件。

（2）**湿帘系统简述** 风机—湿帘降温系统利用水的蒸发降温原理实现降温目的，特制的水湿帘能确保水均匀地淋湿整个降温湿帘墙，空气穿透湿帘介质时，与湿润介质表面的水气进行热交换，实现对空气的加湿与降温。

（3）**湿帘本体** 采用专业厂家生产的湿帘。框架采用与湿帘配套的工程优质铝合金框架。

水帘纸是一种特种纸制蜂窝构造资料，其工作原理是“水蒸腾吸收热量”这一天然的物理现象。

湿帘纸（水帘纸）降温要利用水蒸腾过程中水吸收空气中的热量，使空气温度降低的物理学原理。降温湿帘生产厂家在实践中与负压风机配套运用，湿帘纸装在温室侧墙上，风机装在另一端侧墙上，降温风机抽出室内空气，发生负压迫使室外的空气流经多孔湿潮湿帘外表。

① 水帘纸厚度首要有 10 厘米、15 厘米、20 厘米三种，其中 15 厘米运用最为广泛。

② 降温水帘纸的面积大小依据实践装置需要因地制宜。但一般高度不超越 2 米，长度不超越 4 米，面积过大会致使强度不够，不便于运用和装置。

③ 降温水帘纸的蜂窝孔直径主要有 5 毫米、7 毫米、9 毫米三种，7 毫米运用最为广泛。

（4）**潜水泵** 选择与湿帘供水量相匹配的水泵供水。

（5）风机

① 风机种类。以负压纵向通风方式工作，湿帘通常安装在风机负压侧，并成为风机的主要负载，其阻力一般不超过20帕。湿帘降温的效果是完全取决于通风量的，通风量越大降温越大。故应该选择轴流式低风压大流量通风机。工业用通风机风压高、功耗大不适用，选离心风机更不行。

② 风量参数。对风机厂商提供的风机风量参数，必须注意到其对应的静压，因为同一台风机在不同静压下工作时风量不同，即负载不同风量不同。不能以0风压对应的风量计算。

③ 数台风机联合工作问题。因总风量大或为满足不同季节的风量调节要求，常会遇到数台风机联合工作的问题（并联），甚至大小风机搭配。此时必须注意：数台风机联合工作的总风量小于各台风机单独工作的风量之和。这是因为风机并联时彼此成了负载，风压提高风量下降所致。故并联设计中应采用较高静压下的风量计算，或将单台运行风量减小10%～15%。可以看出，用一台大风机比用数台小风机更节省。大

小风机搭配时应尽量使风压一致或接近。

④百叶窗问题。风机的百叶窗必须完好，否则安装在一起会引起风短路，降低房间实际的风量。这不仅是购买风机时应注意的问题，更主要是今后多年使用中的问题。

（6）**水循环系统** 采用 UPVC 工程塑料管道、铝合金水槽、国产过滤器、阀门、三通、弯头、喷水管、反水板等。

（7）**操作原理** 当室外温度超过 30 ℃，需要降温时，通过控制系统的指令启动风机，将室内的空气强行抽出，造成负压；同时水泵将水打在对面的湿帘墙上。室外空气被负压吸入室内时，以一定的速度从湿帘的缝隙穿过，导致水分蒸发、降温，冷空气流经温室，吸收室内热量后，经风机排出，从而达到循环降温的目的。

6. 湿帘外设置齿轮齿条外翻窗系统

（1）**系统组成** 包括外翻窗骨架、齿轮齿条、电动减速机、转动轴、轴承座、开窗专用铝合金型材以及相应连接附件等。

（2）**系统简述** 在湿帘的外侧，设置该系统，当温室需要开启湿帘时，对该系统发出指令，由电机带动转动轴，从而带动齿轮齿条运动打开窗户；当温室不需要开启湿帘时，可关闭此系统，以达到温室密封、保温的效果；此系统美观大方，维护方便，经济适用，目前已达到国际先进水平。

（3）**翻窗尺寸** 外翻窗户尺寸与湿帘尺寸相匹配。

（4）**控制方式** 为手动电动控制，开窗电机可在操作人员指令下实现启闭；也可与控制器相连接，以实现计算机控制。电机自带工作限位和安全保护开关，实现安全可靠的运行。

（5）**工作原理** 按下控制箱启动开关按钮，电机启动。电机通过传动机构驱动传动轴运转，传动轴通过连接组件带动齿条运动，窗户打开后触动行程限位器开关，电机停止，该行程运行结束。

7. 加温系统

根据JB/T10297—2001《温室加热系统设计规范》内容设计安装（包括日光温室、单栋温室和连栋温室），保证温室内葡萄正常生长所需要的温度：白天不低于22℃，夜间不低于15℃。

8. 温室顶开窗自然通风系统

（1）**系统简述** 为方便温室自然通风，在温室的顶部设置电动单向开窗系统，每跨屋脊在网格梁上方设置一扇通风开窗，均采用齿轮齿条电驱动。当温室需要自然通风时，可通过指令打开电动窗，进行自然通风；当温室不需要自然通风时，可关闭电动窗，以达到温室密封、保温的效果。

（2）**系统组成** 包括电动减速机、齿轮齿条、驱动轴、轴承座以及相应连接附件等。

（3）**控制方式** 为手动电动控制，开窗电机可在操作人员指令下实现启闭；也可与控制器相连接，以实现计算机控制。电机自带工作限位和安全保护开关，实现安全可靠的运行。

（4）**工作原理** 按下控制箱启动开关按钮，电机启动。电机通过传动机构驱动传动轴运转，传动轴通过连接组件带动齿条运动，顶窗打开后触动行程限位器开关，电机停止，该行程运行结束。

控制箱备有手动控制，如需要中途停止，可以按下停止按钮，即可停止运行。

9. 电控系统

（1）**供电电源** 电源进户线采用三相四线制，电缆沿电缆沟暗敷设，用电负荷等级为三级负荷，对供电无特殊要求。

（2）**导线选择及线路敷设方式** 电缆线布线采用线槽方式（均采用PVC材质）；温室内导线均采用防潮型绝缘导线。

（3）**温室电控设备** 电控设备应包括：①控制外遮阳拉幕电机；②控制内遮阳拉幕电机；③控制顶开窗电机；④控制湿帘—风机潜水泵；⑤控制湿帘—风机；⑥控制外翻窗电机；⑦温室灯；⑧预留负荷。

10. 补光系统

（1）**补光灯原理** 按果树苗生长所需要的特征波长范围（红光，蓝光为主）和需要的照度而设计出的果树生长及补光灯。该灯能使果树苗在移栽前得到健康生长，而且可以加快果树苗的培育和缩短果树苗的生长周期，免除了病虫害及畸形果树苗的发生。

① 不同波长的光线对于植物光合作用的影响是不同的，植物光合作用需要的光线，波长在

400～700 纳米、400～500 纳米（蓝色）的光线以及 610～720 纳米（红色）对于光合作用贡献最大。

② 蓝色和红色的 LED，刚好可以提供植物所需的光线，因此，LED 植物灯比较理想的选择就是使用这两种颜色组合。在视觉效果上，红蓝组合的植物灯呈粉红色。

③ 蓝色光能促进绿叶生长，红色光有助于开花结果和延长花期。

④ 用果树补光灯给果树补光时每天持续照射 12～16 小时可以彻底代替阳光。

⑤ 效果十分显著，成长速度比一般自然生长的植物快了近 3 倍。

（2）**数量** 根据补光灯生产厂家提供的一盏补光灯补光面积和温室葡萄种植面积计算补光灯数量。

第三节 水肥一体化灌溉施肥系统

参照本书“盆栽葡萄土肥水管理”一章中水肥一体化内容。

第六章 葡萄的整形与修剪

整形修剪是葡萄综合管理中的一项重要栽培技术，通过整形修剪，培养优质丰产的树体结构，使枝蔓、果穗在架面上合理分布；调节生长与发育、开花与结果、衰老与复壮等关系，从而达到连年稳产优质、高效低耗和提高观赏性的目的。

第一节 葡萄整形修剪的有关知识

1. 整形修剪的名词解释

（1）**主干** 自地下根干上长出的独根枝蔓。

（2）**主蔓**（主枝） 自主干上发出的大骨干枝。

（3）**侧蔓** 自主蔓上发出的各级枝蔓。

（4）**延长蔓** 主、侧蔓延长的1年生蔓称为延长蔓。

(5) **臂** 呈水平方向生长的主蔓。

(6) **结果母蔓** 一年生的成熟蔓，翌年能抽生结果枝的蔓。

(7) **新梢** 带有叶片的绿色新枝。

(8) **副梢** 新梢中夏芽萌发的枝梢。

(9) **结果枝** 带有花序或果穗的新梢或副梢。

(10) **结果系数** 某品种每个新梢平均结果穗数。

2. 整形修剪的特性

(1) **顶端优势性**(又叫先端优势或极性) 指同一个枝蔓的顶端芽或上部萌发的枝梢生长势最强，并向下依次减弱的现象。与枝蔓的生长势、着生位置有关。

(2) **直立优势性** 直立的枝蔓生长强旺，随着绑缚的角度加大，生长势逐渐减弱，这种现象称为直立优势性。

(3) **芽的异质性** 同一枝蔓上不同部位的芽眼，在其生长发育期间，由于所处的部位，外界环境条件以及内部营养状态的不同，芽的优势也不相同，称为芽异质性。

(4) **芽的早熟性** 在当年形成的新梢上，能连续形成二次梢或三次梢，这种特性称为芽的早熟性。

掌握以上特性，可作为修剪的依据，灵活运用。

3. 修剪的基本内容

盆栽葡萄修剪主要包括抹芽定梢、摘心、疏花疏果、去卷须和绑枝等。

第二节 盆栽葡萄整形

1. 盆栽葡萄的整形特点

盆栽葡萄，除生产葡萄外，还有观赏价值，所以盆栽葡萄的整形，既要考虑到生产，又要照顾到观赏。在选定架式以后，就要通过整形和修剪，进行树冠造型，使盆栽葡萄的枝蔓，在有限的空间内合理分布，光照充足，通风良好，树形美观，色彩协调，生长发育良好，生产、观赏皆宜。

2. 盆栽葡萄常用的整形技术

盆栽葡萄因受盆器大小的限制，所以一般株

型不宜太大，枝蔓数量也宜少些。其整形方式灵活多样，以生产葡萄为主要目标的整形方式，不同于以观赏为目标的整形。盆栽葡萄的常用整形方式，大致可分为两类：一是以艺术观赏为主要目标的整形方式，二是以生产葡萄兼顾美化为目标的整形方式。就枝蔓的数量来说，可分为单主蔓为主的整形和双主蔓或多主蔓为主的整形。

（1）**单主蔓整形** 单主蔓整形就是在一个盆内留1个主蔓和1～2个侧蔓，如单干式、电杆式、伞形、宝塔形和小棚架等。

（2）**单干式整形** 只培养1个长60～80厘米的主蔓，也就是以后的主干，在主干上选留3～4个结果蔓，促其成花结果，主干逐年增粗以后，便可撤去支架而成为独立单干式。

这种树形的整形步骤是：葡萄定植于盆内萌发新梢以后，选留1个健壮的基部新梢，培养为主蔓，将多余的枝蔓抹去。以后，随着主蔓的逐步伸长，随时将其绑缚于支柱上，以防风折或碰伤。新梢长达1米左右时，留70～80厘米摘心，待新梢萌发副梢后，下部的1～2个副梢，留

2～3片叶摘心，上部的2～3个副梢，留4～5片叶摘心，以促进主蔓的加粗生长，并促进主芽的花芽分化，为第二年结果打好基础。所以要保留较多的副梢并摘心，主要是为了增加叶面积辅助主蔓增粗和促进花芽形成，因此，冬季修剪时，多数都要剪去，只留1根长70～80厘米的主蔓，如果副梢比较粗壮，也可适当保留，使其成为侧蔓。

第一年冬季修剪时，如果只留1个主蔓，而将其余副梢全部剪去时，那么，到第二年春季，芽眼萌发以后，可选留上部的3个枝蔓，培养为结果蔓，下部萌发的新梢，只留1～2片叶摘心，不要全部抹除，使其辅助主蔓和结果蔓的生长，以后再根据情况决定是否疏除。

第二年冬季修剪时，对上部的3个结果蔓，每个都留2～3个芽剪短，使成为结果母蔓。至此，单干式树形就基本形成了。

第三年及第四年的修剪，每株每年保留3～5个结果蔓结果，用双枝更新的修剪方法，维持其树形及稳定结果部位。

第五年以后，主干逐渐增粗，可以不依靠支

柱而独立生长了，此时，便可将原来设立的支柱撤去。

(3) **电杆式整形** 开始时和单干式相同。在盆内立一 80 厘米左右的“T”形支架，待主蔓长达 70～80 厘米时摘心，促其顶端萌发 2 个长势均衡的新梢，分别引向左右两侧，以后，每年留 2～3 个结果蔓结果。这种树形，主干上不留果穗，其果穗均悬垂于横杆之下，看上去和电线杆相似，所以称为电杆式。这种树形，第二年以后的整形方法也和单干式基本相同，只是在第二年冬季修剪时，少留 1 个结果枝，以后各年冬季修剪时，少留 1 个结果母枝。

(4) **伞式整形** 先在盆内架设 1 个单层漏斗式支架，以后在高 1 米左右的主蔓上，再培养 2～3 个结果母枝，并使其均匀地伸向四周，其结果枝所结的果穗均匀地悬挂在圆圈之下，形似伞状，故名伞式。

伞式的整形步骤，也是先培养 1 个长 1 米左右的主蔓，在主蔓上所发生的副梢一般只留1～2 片叶摘心，使其辅助主蔓增粗生长。第二年在主蔓顶端选留 2 个侧蔓，分别引向左右两侧，固定在圆圈上使其结果。

第二年冬季修剪时，每个侧蔓留 4～5 节剪短，使其作为结果母枝。第三年春季，在每个结果母枝上，选留 2 个结果枝，使其结果。

第三年冬季修剪时，在每个结果枝的基部留 2 个芽短截，使之形成 4 个结果母枝，此时，树形已基本形成。以后各年修剪时，都保留 4～6 个结果枝结果，用双枝或单枝更新的办法，保持树形不变，结果部位不过快上移。

（5）**宝塔式整形**　先培养一个较长的主蔓，使盘旋上升，环绕于三角形的支架上，形成塔形。其整形步骤是：葡萄定植成活后，选 1 个健壮的新梢，培养成为主蔓，新梢长达 1.2 米左右时摘心。副梢萌发以后，最上部的 1 个留 4～5 片叶摘心，其余副梢留 2～3 叶摘心。多留副梢和叶片的目的是辅助主蔓加粗生长。

第一年冬季修剪时，剪除所有副梢，只留长 1.2 米左右的主蔓，并将其盘旋引缚于三角式支架上。第二年春季发芽后，在主蔓的上半部，选留位置适当的 3～4 个枝蔓，作为结果枝。

第二年冬季修剪时，将最上部的1个结果枝，留4～6芽剪短，作为主蔓的延长枝头，其余的结果枝留2个芽剪短，这样便完成了宝塔式树形。以后各年修剪时，每株保留3～4个结果母枝、6～8个结果枝，每个结果枝保留1个果穗，不要太多，而且要使结果枝均匀分布于架面上，多余的副梢及时摘除，并保持良好的通风透光条件。冬季修剪时，可采用一枝更新的方法进行修剪。

(6) **悬崖式整形** 这种树形只培养1个主蔓，使其悬垂于盆的一侧生长，可摆放于高的几架或假山上，作为观赏。

这种树形的整形步骤是：在定植后萌发的副梢中，选留1个强壮新梢，培养成为主蔓，而将其余副梢抹去。为了辅助主蔓加快增粗生长，多余的副梢也可保留到冬季修剪时再行剪除。当主梢长到10节左右时摘心。副梢萌发以后，顶端副梢留4～5片叶摘心，其余副梢留1～2片叶摘心。当主蔓颜色由绿黄变褐开始成熟时，逐步将其拉弯，使成70°左右的角度，并绑缚于弯曲的竹片（竿）或8号铁丝上。第二年春天，在主蔓顶端选留 2～3 个结果枝，保留结果，其余副梢摘除。这种整形方法，在弯曲部位容易萌发副梢且长势很旺，应注意抑制，下垂部分长势易弱，应注意调整。

第二年冬季修剪时，除顶端结果枝保留4～5节进行短截，并使其继续延伸外，其余新梢都留2芽短截，进行双枝更新。随着树龄的增长和结果数量的增多，需将主蔓和结果蔓绑缚牢固，以防倾斜倒伏。

（7）小棚架整形 这种树形架面面积大、结果部位多、产量高，需要较大的容器。整形步骤是：定植当年的幼苗，萌发新梢以后，根据栽植容器的大小，选留 1～2 个健壮新梢，培养成为主蔓，长 1.0～1.2 米。第二年春季，新梢萌发后，在棚面的适当部位，选留 3～4 个结果枝。第二年冬季修剪时，在结果蔓的基部，留 2～3 个芽短截。

3. 双主蔓整形

在 1 个盆内栽 1 株葡萄，留有 1 个主干、2 个主蔓和相应的结果蔓。双主蔓整形的方式，主要有提篮式、扇面式、漏斗式和丛状式整形。

(1) **提篮式整形** 在1株葡萄上培养2个主蔓，沿左右两侧的支架对称地向上攀缘，形成提篮状。整形步骤是：葡萄苗定植发芽后，选2个健康的新梢培养为主蔓，其余新梢全部抹除，每个新梢也可保留1～2片叶制造营养，辅助主蔓的增粗生长。当新梢长达70～80厘米时，留60～70厘米摘心，以后萌发的副梢，除顶端副梢留4～5片叶摘心外，其余副梢均留1～2片叶摘心。

第一年冬季修剪时，只保留2个长60～70厘米的副梢，将其他副梢全部剪除。第二年春季发芽后，在每个主蔓上选留2个结果蔓，多余的芽全部除去。

第二年冬季修剪时，在每个主蔓的基部，留2个芽短截，第二年形成4个结果母枝。

第三年以后，每株每年选留6～8个结果枝结果。

(2) **扇面式整形** 先培养2个主蔓，在主蔓上选留结果蔓，使其均匀地分布于架面上。这种树形枝蔓不重叠，不交叉，通风透光良好，是生产性盆栽葡萄的优良树形。

(3) 漏斗式整形 又可分为单层漏斗和双层漏斗。在盆内支架上附设1个圆圈的，为单层漏斗，附设2个圆圈的，为双层漏斗。单层漏斗可只培养1个主蔓，然后引缚于支架上。双层漏斗需要培养2个主蔓，分别引缚于支架的上下两个漏斗上。

整形步骤是：盆栽葡萄苗发芽后，选留1～2个健壮的新梢培养为主蔓，将其余新梢抹去。如为双层漏斗，在选留的2个主蔓中，一个长到80～90厘米时摘心，引缚于下层的圆圈上；另一个长到1.0～1.2米时摘心，引缚于上层的圆圈上。其余的副梢，均保留1～2片叶摘心。

第一年冬季修剪时，将主蔓上的副梢全部剪除，只保留2条主蔓，一条长80～90厘米，另一条长1.0～1.2米。第二年春季萌芽以后，在2条主蔓的上部，各选留2～3个新梢作为结果枝，其余的新梢留1～2片叶摘心。

第二年冬季修剪时，在每个结果枝的基部，留2～3个短截，使形成4～6个结果母枝。以后的修剪则采取双枝更新的剪法，保持树体形状和稳定结果部位。

（4）**丛状式整形** 这种树形，有1个很短的主干，在主干上选留3个主蔓，在每个主蔓上，选留2～3个结果母枝，在每个结果母枝上，选留1～2个结果枝，使这些枝蔓均匀地分布于盆的四面八方，充分利用空间和光热资源。这种树形不必再设支架。

整形步骤是：葡萄定植成活后，主干留10厘米左右短截，芽眼萌发后，留上部的3个新梢，培养为3个主蔓，其余的芽全部抹去。当新梢长到10～12片叶时，留8～9片叶摘心。副梢萌发以后，顶端副梢留4～5片叶摘心，其余副梢留1～2片叶摘心。

第一年冬季修剪时，3个主蔓各留6～7个芽短截，使其成为第二年的结果母枝。第二年春季，芽眼萌发以后，每个结果母枝上选留2个结果枝，如果已有花序，则每个结果枝上选留1～2个果穗。

第二年冬季修剪时，6个结果枝各留2个芽眼进行短截。以后各年的修剪，则保持这一形状并稳定结果部位。

第三节 盆栽葡萄修剪

1. 抹芽

葡萄萌芽后，抹除以下几种芽，以节省水分和养分。

（1）**抹副芽** 每个冬芽能萌发1个主芽和1～2个副芽，主芽先萌发而且壮实，大部分带有花穗；副芽一般不带花穗，应及早抹除。但在负载量不足时，可适当留少量双芽。

（2）**抹谎芽** 不带花序的主芽叫谎芽。除根据需要培养部分结果母蔓，或增加叶果比保留的一部分之外都要抹除。

（3）**抹隐芽** 从老蔓上发出的芽，一般生长瘦弱而不带花序，除留个别芽用来补空外，一般全部抹除。

此外，对生长纤弱的主芽、畸形芽，从地上根干发出的萌蘖枝应及早抹除。

2. 摘心

摘心又称打尖，是将葡萄新梢顶端的嫩尖摘去，主要作用如下。

一是通过摘心，人为控制葡萄新梢的养分分配，将用于营养生长的养分转向生殖生长，暂时改善花器的营养状况，促进葡萄开花、坐果，因此，花前摘心是提高葡萄坐果率的重要措施。整个枝蔓从基部剪去。疏枝主要疏密枝、老弱枝、病虫枝、徒长枝，可起到改善光照、促进生长、减少病虫危害、均衡树势的作用。

二是摘心可使葡萄新梢暂时停止生长，减缓新梢的生长势，促进叶片浓绿、肥厚，有利于花芽分化，提早结果。

此外，摘心对盆栽葡萄的造型具有重要作用，各种不同的盆栽造型很大程度是通过对主、副梢摘心来完成的。

盆栽葡萄摘心分三类。

（1）**新梢摘心** 又称主梢摘心。指在定植当年培养树体的过程中，待新梢生长到要求的高度时及时摘心。目的是形成树形，促进新梢加粗生长和花芽分化，为结果奠定坚实的基础。

（2）**结果枝摘心** 开花前，在花序以上留4～6片叶摘心，改变养分流向，增加花器营养，提高坐果率。

(3) **副梢摘心** 主梢摘心后，夏芽副梢开始萌发，对副梢摘心分两类。

一是在盆栽葡萄定植当年培养树体的过程中，在新梢顶端留 1～2 个具有 4～5 片叶片的副梢，如果再萌发第二次副梢，再将顶端 1～2 个副梢留 4～5 片叶摘心，其余下部副梢留 1～2 片叶摘心，以增加光合作用面积，制造更多的养分使主蔓加速生长，促进花芽分化，为结果奠定基础。放任生长，会导致葡萄结果推迟。

二是第二年葡萄结果以后通常保留结果枝顶端 1～2 个副梢留 4～5 片叶摘心，如果二次副梢萌发，再保留顶端 1～2 个副梢留 4～5 片叶摘心，以增加光合作用面积，制造更多的养分，提高果实品质，其余下部副梢一律尽早抹掉，保证果穗通风透光良好。

3. 定梢

定梢是在芽眼展开以后、新梢的花序出现时，疏去过密和无用的新梢，选留生长健壮、能结果的新梢，以保证架面通风透光和植株的合理留枝。

抹芽和定梢并无严格界限，抹芽本身就是为

了定梢，这两项措施对盆栽葡萄成功与否非常重要。

抹芽的时间越早越好，在芽眼萌动后即可进行，但芽眼的萌动是不一致的，必须分两三次进行。第一次先抹去主蔓上的不定芽（隐芽）、结果母枝上萌出的双芽或三芽（即每节选留一个壮芽，将其余的弱芽抹去）、畸形芽以及影响树形的芽等。第二次抹芽在能分辨出有无花序时，结合定梢进行，除选留一定数量的结果枝外，将其余的芽或弱芽一律抹去或疏掉。盆栽葡萄留枝不宜多，应根据盆体和树体大小而定，当新梢长到10厘米、能看清楚花序的有无及大小时进行。定梢一年进行一次。定梢是关系到新梢密度和植株负载量是否合理的一个措施，应根据品种特性、管理措施、历年产量和留梢量决定。常用的有以下两种方法。

（1）**依产定梢法** 根据所栽品种在正常年份的平均果穗重，留用新梢的结果枝率和结果系数，结合当年计划产量来确定合理的留梢量：即每亩留梢量＝计划产量/结果系数×单穗重×结果梢率。由每亩留梢量和栽培株数，计算出单株留梢量。

（2）**依据密度定梢法** 指单位面积架面内平均留梢数。一般肥沃土壤及大叶片品种，每平方米架面留8～12个新梢，瘠薄土壤及小叶片品种，每平方米架面留14个左右。

4. 副梢处理

摘去正在生长副梢的顶端，以减少新梢生长所消耗的营养物质；摘心对防止落花落果、提高坐果率有显著的作用，同时，可促进花芽分化，枝蔓发育充实，起到改善风、光条件的作用。

葡萄具有一年多次生长、多次分枝的特性，副梢生长量大、抽生次数多，是一项繁重的工作。新梢摘心后，副梢大量萌发，如果不及时进行处理，就会因消耗养分而影响坐果和新梢生长，造成架面郁闭，不利于树体的光合作用。生产中常用以下两种方法处理。

（1）**大部保留，少量去掉** 花穗以下不留副梢，而花穗以上副梢留1～2片叶摘心，大部分品种可用此法。

（2）**顶部保留，其余去掉** 只留顶端两个副梢，留3～4片叶摘心，发二次副梢时再摘心，其余副梢全部去掉。适合叶大、果穗小，以及副梢生长迅速的品种。

5. 去卷须

设施栽培的葡萄为了充分利用空间，多实行密植栽培，到生长后期枝叶密闭加之薄膜对光线的损耗，严重影响葡萄果实的上色和成熟，尤其是一些上色困难的品种。所以要及时去卷须。葡萄植株上的卷须在人为条件下已失去自身原有作用，它不仅消耗养分，还使得新梢间相互缠绕，扰乱架面新梢分布，给管理带来不便，所以在生产上必须将卷须去除，并且越早越好。

6. 绑梢

当葡萄新梢长到一定长度时，需要及时把它绑扎在支架上。盆栽葡萄的绑梢要从整形的角度考虑，通过绑扎，不但使葡萄枝蔓均匀地分布于架面上，做到不遮阴，而且要美观，增强盆栽葡萄整体的观赏价值。绑梢时，要做到牢固，切忌过松或过紧。过松，枝蔓与支架摩擦，出现伤口，增加病虫侵染机会；过紧，容易使新梢缢伤折断。一般用“∞”形绑扎较好，栓活扣，松紧适度。

7. 疏花序

葡萄花序多，易消耗大量养分，降低坐果率。把花序尖掐掉，可减少花数，减轻养分争夺，提高坐果率。掐尖时间在开花前一个星期为宜，到了开花期应结束。首先掐掉副穗，接着把主轴上的支轴掐掉4～5个，留下4～15个支轴，然后再掐去穗尖。穗轴太长的要掐掉。花序较多时，一个结果枝留下1～2个花序，然后掐尖，既省工省力又不浪费养分。

8. 疏果

疏果的目的是通过限制果粒数，使果穗大小符合所要求的标准，果形、果粒匀整，提高商品性能。疏粒的方法是把无核果和小果粒疏去，留下大的、个头均匀一致的果粒。个别突出的大粒因着色差也应疏去。另外，为使果粒排列整齐美观，宜选留果穗外部的果粒。大果穗每隔一个支轴间掉一个，这样整好穗形后再疏粒，效率较高。一个支轴上留的粒数，按品种不同应有所区别。一般巨峰葡萄每穗留存30～35粒，藤稔葡萄每穗留25～30粒。

9. 疏穗

葡萄结果过多，不仅影响糖度和着色，而且会引起树体贮藏养分不足，树势衰弱，造成翌年减产。疏果穗能有效控制产量，提高浆果质量，做到年年稳产优质。疏穗的时间要尽可能早。在开花前掐穗尖的时候，应把花序多疏去一些，疏果穗的标准是：有 11～12 片叶的中庸枝留一穗，超过 21 片叶的强枝才能留两穗。其次，当坐果状况已看清楚时，就要尽早进行疏穗，把坐果不好的穗疏去，按一个结果枝结一穗的原则，把极弱枝上的穗疏去，按定产、美观的目标选留果穗。

第七章 盆栽葡萄土肥水管理

葡萄是果树类需肥量最大的树种之一，只有掌握葡萄需水需肥规律，综合协调好土壤、水分、肥料之间的关系，进行科学管理，才能确保优质高产。

第一节　土壤条件

葡萄对土壤的适应性很强，沙土、沙壤土、壤土、砾质土、轻盐碱土等土壤都可以栽植，但以沙壤土最适宜，应尽量选择沙壤土地块栽植，土壤 pH 保持在 6～6.5 为宜。达不到沙壤土标准的，要对现有土壤进行改良。

第二节　水分管理

葡萄需水量较大，特别是新梢生长期和浆果

生长期，如土壤水分不足，新梢生长和果实膨大都会受到影响，还易引起落花落果。但是土壤水分过多会引起土壤中缺氧，根系吸收功能减弱，甚至会导致根系窒息而死亡。如久旱逢雨时，葡萄根系大量吸水，浆果迅速膨大而发生裂果。因此，应及时灌水保持土壤适宜的水分。

灌溉对促进葡萄增产具有重要作用，但灌水并非是越多越好，要适时适量。应掌握葡萄的需水规律。

1. 葡萄需水规律

土壤田间持水量60%～70%时，最适宜葡萄根系和新梢生长。当田间持水量超过80%时，土壤通气不良且影响地温上升，对根系的吸收和生长不利。当田间持水量低于35%时，新梢停止生长。

2. 葡萄灌溉的几个关键时期

（1）**萌芽前** 葡萄萌芽前是第一个关键时期。这时葡萄发芽，新梢将迅速生长，花序发育，根系也处在旺盛活动阶段，是葡萄需水的临界期之一。北方春季干旱，葡萄长期处于潮湿土壤覆盖下，出土后，不立即浇水，易受干风影响，造成萌芽不好，甚至枝条抽干。

（2）**开花期** 葡萄开花前10天，也是一个关键浇水期。在此时期新梢和花序迅速生长，根系也开始大量发生新根，同化作用旺盛，蒸腾量逐渐增大，需水较多。葡萄开花期，一般要控制水分，因浇水会降低地温，同时土壤湿度过大，新梢生长过旺，对葡萄受精坐果不利。在透水性强的沙土地区，如天气干旱，在花期适当浇水有时能提高坐果率。

（3）**落花后** 葡萄落花后约10天是第三个关键时期。在此期内，新梢迅速加粗生长，基部开始木质化，叶片迅速增大，新的花序原始体迅速形成，根系大量发生新侧根，根系在土壤中吸水达到最旺盛的程度，同时浆果第一个生长高峰来临，是关键的需肥需水时期。

（4）**着色期** 浆果开始着色是浆果第二个生长高峰时期，此时浆果生长极快，浆果内开始积累糖分。新梢加粗生长和开始木质化，花序迅速发育，这个时期供给适宜肥水，不但可以提高当年的产量与品质，还对下一年的产量起良好效果。

（5）**成熟期** 浆果成熟期，一般情况下在灌溉或水分保持较好的地区，土壤水分是够用的。

若降水量不足，土壤保水性差，或施肥大的情况下则需灌水。浆果成熟期土壤水分适当，果粒发育好、产量高、含糖量也高。若水分大，浆果也能成熟好，但含糖量降低、香味减少、易裂果、不耐贮藏。

3. 灌溉制度

在制定葡萄灌溉制度时，要综合考虑葡萄生长发育阶段需水特性和生理特性。

灌水方法采用沟灌、畦灌、管灌、滴灌，不提倡大水漫灌。

确定合理的灌水定额：将计划湿润层内的土壤含水率控制在一个适宜的范围之内，从而为葡萄的生长创造一个良好的土壤水分环境。

葡萄需水量的确定：葡萄的水量是指在适宜的土壤水分条件下获得高产时消耗于葡萄蒸腾、棵间土壤蒸发以及构成植株组织的水量。根据当地提供的有关试验资料具体确定。

第三节　需肥规律及施肥制度

葡萄生长发育需要氮、磷、钾、钙、镁、

硫、铁、锌等多种营养元素，尤其是以氮、磷、钾吸收量最多。

1. 葡萄的需肥特性

(1) 肥料需求量大 葡萄生长旺盛，结果量大，对土壤养分的需求也较多，研究表明：每生产100千克果实，葡萄树需要从土壤中吸收纯氮0.3～0.6千克、五氧化二磷0.1～0.3千克、氧化钾0.3～0.65千克、镁0.1千克、硫0.05千克。

(2) 钾肥需求量大 一般生产条件下，葡萄对氮、磷、钾的需求比例1∶0.5∶1.2，如果要提高产量和增进品质，磷、钾的需求比例还会增大，除钾元素外，葡萄对镁、硫、钙、铁、锌、锰等元素的需求也高于其他果树。

(3) 需肥种类随生长发育阶段而变化 一般在萌芽至开花期需要大量的氮素营养，开花期需要硼肥的充足供应，浆果发育、花芽分化期需要大量的磷、钾元素，果实成熟时需要钙素营养，采收后仍需要补充一定的氮素营养。

2. 葡萄施肥原则

(1) 氮、磷、钾均衡施入 葡萄是需钾高的作物，从理论上讲，每生产100千克果实，需纯氮（N）0.6 千克、纯磷（P_2O_5）0.3 千克、纯钾（K_2O）0.84 千克，氮、磷、钾的比例为：1∶0.5∶1.4，绝不能因为钾肥贵就少施或不施。

（2）**有机肥和化肥不可替代** 有机肥为主，化肥为辅。有机肥肥效长、营养全，有保水、保肥、改良土壤的作用，能提高化肥的利用率。化肥肥效快，可在短期内满足葡萄生长发育需要，有机肥和化肥各有特点，不可相互替代。

（3）**基肥、追肥不可替代** 以基肥为主，追肥为辅。基肥是葡萄施肥中最重要的一环，基肥在上季果实收获后施入，可将营养储藏于葡萄树体内，为下一季发芽、长叶、张蔓、开花用。若树体营养差，下一季再多追肥也无济于事。

（4）**土施和叶面喷施不可替代** 以根部施肥为主，根外施肥为辅。叶面喷施吸收快，可使营养快速传到根部，增加根系吸收功能。叶面喷施用量少，作用大。一般应在每次喷药时加适量钾肥，可明显起到增加产量、改善品质的作用。

（5）**大量元素与微量元素不可替代** 氮、磷、钾三元素肥料多施，微量元素少施。葡萄对硼敏感，缺硼极易造成落果和大小粒现象，因此在葡萄花前和花期需要喷施硼肥。

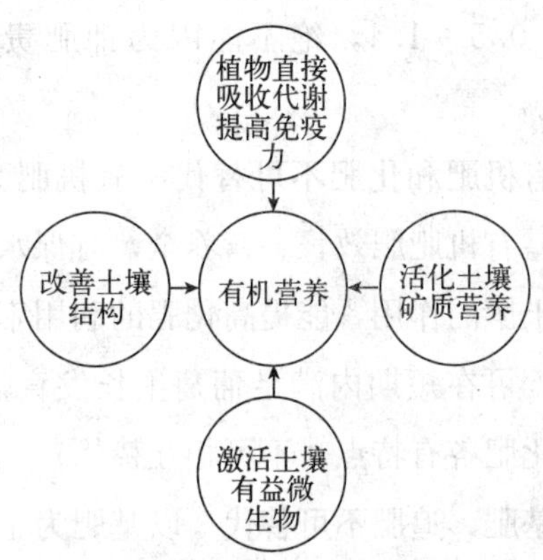

有机营养是连接植物、土壤、土壤微生物和植物营养的纽带，处于植物营养的中心位置

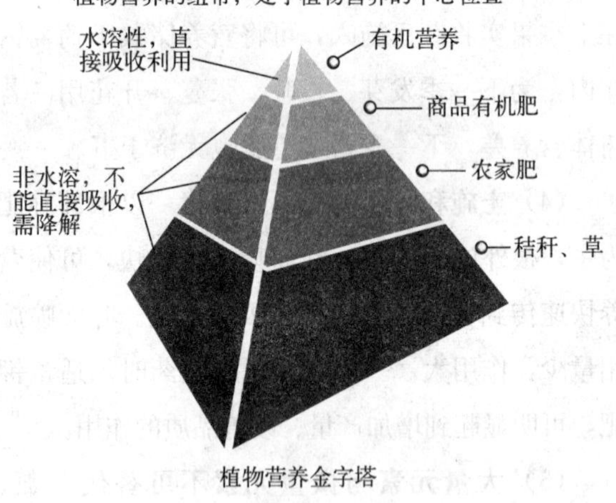

植物营养金字塔

有机营养示意图

3. 葡萄施肥制度

葡萄追肥制度包括追肥的时期、数量和方法。

(1) **基肥施用制度** 果实采收后施基肥，以有机肥为主，并与磷、钾肥混合施用。施基肥的方法，采取沟施、扩穴施、全园翻耕等方法。一般采用树盘撒施和沟施。树盘撒施应先将树盘内的表土取出15～30厘米厚，靠近植株处稍浅，向外逐渐加深。沟施时在葡萄行间的一侧挖深40～60厘米的施肥沟，施肥沟远近以沟内少量见根为原则。施入肥料，将土壤回填入沟中，然后踩实灌水。下一年在行间的另一侧开沟，进行倒换施肥。

(2) **追肥制度** 萌芽前追肥以氮、磷为主，果实膨大期和转色期以磷、钾肥为主。第一次为芽前追肥：肥料以尿素、硫酸铵等速效氮肥为主，施肥量占全年氮肥量的50%。第二次为幼果期追肥：在幼果膨大期追肥，以速效氮肥为主，并结合施入少量磷、钾肥。第三次为灌浆肥：葡萄成熟前，追施草木灰、过磷酸钙、硫酸钾等肥。

第四节　水肥一体化技术

水肥一体化技术是将灌溉与施肥融为一体的农业新技术，借助压力系统（或地形自然落差），将可溶性固体或液体肥料，按土壤养分含量、葡萄需肥规律及肥料利用率，配兑成肥液与灌溉水一起，通过可控管道系统把水分、养分均匀、定

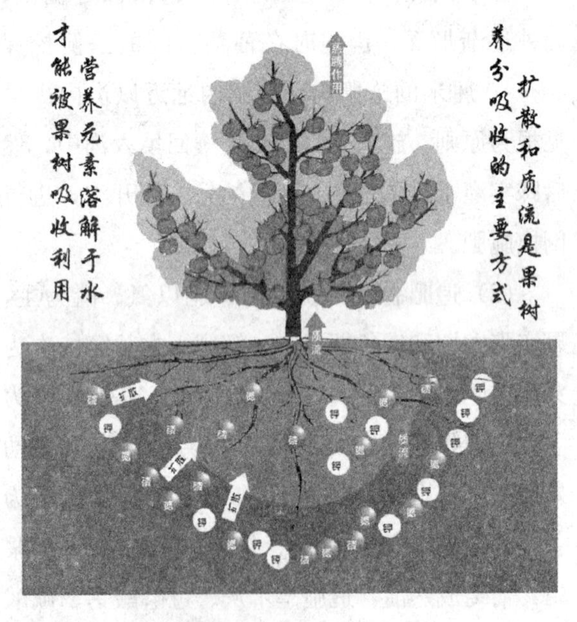

果树营养吸收原理示意图

时、定量、按比例浸润作物根系生长发育区域。水肥同时管理的技术就叫水肥一体化管理技术。

1. 理论基础

灌溉和施肥是葡萄园的两项重要管理措施，需要大量的人工和费用，是生产成本中的主要组成。传统灌溉与施肥都是分开进行的。但从科学道理来讲，灌溉和施肥同时进行是最好的措施。其理论根据是养分到达根系表面被吸收主要通过质流和扩散两个过程。扩散指由于植物根系对养分离子的吸收，导致根表离子浓度下降，从而形成土体—根表之间的浓度差，使离子从浓度高的土体向浓度低的根表迁移的过程。质流指土壤中养分通过植物的蒸腾作用而随土壤溶液流向根部到达根际的过程，是土壤养分向植物根部迁移的一种方式。这两个过程都要有水的参与才能进行。通俗讲，就是肥料必须溶解于水才能被根系吸收。不被溶解的肥料或根系接触不到的肥料对作物是没有用的。如果把肥料先溶解于水然后浇灌、淋灌或通过滴灌等管道施用，这样葡萄根系一边吸水，一边吸肥，就会大大提高肥料的利用率，使葡萄生长壮旺。

2. 葡萄水肥一体化效果

在生产上节肥节水、省工省力、降低湿度、减轻病害、增产高效。

（1）**水肥均衡** 传统的浇水和追肥方式，作物“饿几天再撑几天”，不能均匀地“吃喝”。而采用科学的灌溉方式，可以根据作物需水需肥规律随时供给，保证作物“吃得舒服，喝得痛快”！

（2）**省工省时** 传统的沟灌、施肥费工费时，非常麻烦。而使用滴灌，只需打开阀门，合上电闸，几乎不用工。

（3）**节水省肥** 滴灌水肥一体化，直接把葡萄所需要的肥料随水均匀地输送到植株的根部，葡萄“细嚼慢饮”，对肥水的利用率很高，特别是干旱年份，效果非常明显，大幅度地提高了肥料的利用率，可减少50%的肥料用量，水量也只有沟灌的30%～40%。

（4）**减轻病害** 大棚内葡萄很多病害是土传病害，随流水传播。采用滴灌可以直接有效地控制土传病害的发生。滴灌能降低棚内的湿度，减轻病害的发生。

（5）**控温调湿** 冬季使用滴灌能控制浇水

量，降低湿度，提高地温。传统沟灌会造成土壤板结、通透性差，葡萄根系处于缺氧状态，造成沤根现象，而使用滴灌则避免了因浇水过大而引起的作物沤根、黄叶等问题。

（6）增加产量，改善品质，提高经济效益 滴灌的工程投资（包括管路、施肥池、动力设备等）约为1000元/亩，可以使用5年左右，每年节省的肥料和农药至少为700元，增产幅度可达30%以上。

3. 设计内容、原则及依据

（1）系统构成 滴灌施肥系统主要由以下几部分构成。

① 水源。水源可以是河水、井水和池库蓄水，但要求能保证水量供给、水质合格，一般通过水泵抽提和增压泵增压后供葡萄园使用。滴灌用水要采用两级过滤，确保不堵塞滴灌管路系统。

② 首部。包括加压系统（水泵、重力自压）；过滤系统，水和肥液在注入主管道前要经过过滤器过滤；施肥系统，施肥罐用于溶解化肥，泵吸肥和泵注入用于将肥液注入输水主管

道中。

③ 管道。主要为输水管道和滴灌管道。输水管道主管一般用聚氯乙烯（PVC），支管用聚乙烯（PE）管材质，要埋设到地面以下80～100厘米。主管直通葡萄园区，支管沿工作道垂直于葡萄栽植行，按栽植行铺设毛管旁通与阀门，用于连接滴灌毛管。滴灌管平铺于葡萄园地面，对平地葡萄园选用普通滴灌管，山坡地则选用压力补偿滴灌管。

（2）设计原则

① 系统筹划原则。灌溉工程必须与示范园区基地区划、水利及道路总体规划相适应，与农业生产技术相配套，充分利用现有水源，全面考虑，合理布局，既便于经营管理，又能够一水多用，节约投资。

② 因地制宜原则。根据地块自然条件和种植对象多样性的特点，主要实行滴灌灌溉方式。

③ 近期安排与长远发展相结合起来。既要立足实际，讲究实效，量力而行，又要考虑长远发展，为后续发展留有空间。

④ 科技先导原则。在自然条件允许、经济

高效合理的前提下，坚持以科技为先导，积极采用先进成熟的新材料、新设备、新技术，使设计项目若干年内不落后，为科研生产服务。

（3）设计依据

①葡萄示范基地地形图；②SL207—1998《节水灌溉技术规范》；③SL103—1995《微灌工程技术规范》；④SL/T153—1995《低压管道输水灌溉工程技术规范》；⑤SD188—1986《农用机井技术规范》；⑥SL256—2000《机井技术规范》；⑦相关建筑、电力行业工程设计技术规范。

4. 设计方案

根据葡萄园区的地理位置、保护地类型和园区的功能要求，制定灌溉制度、施肥制度。

（1）灌溉制度 滴灌工程设计参数的确定如下。

① 日耗水强度。葡萄：E_a=4 毫米/天。

② 土壤湿润比及计划湿润层深度。设计土壤湿润比（P）不得小于25%；计划湿润层深度取：Z=0.3 米。

③ 土壤特性。当地土壤田间持水量 β（占体积的百分比）、土壤容重 r（克/厘米^3）。适宜土

壤含水量的上、下限，分别为90%、65%。

④ 灌溉水利用系数。灌溉水利用系数为：$\eta=0.95$。

⑤ 灌水器选型。滴灌的灌水器采用外置滴头，单滴头在工作水头范围内流量（升/小时），允许流量偏差率q_v±5%，灌水器间距（米）。

（2）设计灌水定额

$$m=0.1rzP(\theta_{max}-\theta_{min})/n$$

式中：m为灌水定额（毫米）；r为土壤容量重（克/厘米^3）；z为计算湿润层深度（厘米）；θ_{max}、θ_{min}为适宜土壤含水量上、下限（占干土重的百分比），分别取90%、65%；η为灌溉水利用系数，取0.95；P为微灌设计土壤湿润比（%）。

（3）灌水周期

$$T=\frac{m}{E_a}\eta$$

式中：T为设计灌水周期（天）；E_a为设计耗水强度（毫米/天）。

（4）一次灌水延续时间

$$t=\frac{ms_r s_t}{\eta q}$$

式中：S_r 为毛管间距；S_t 为灌水器间距；q 为灌水器流量（升/小时）。

（5）**管网设计** 为便于变频自动控制、统一管理，管网布置应与道路规划结合，主干、支管沿道路布置；依据地形、地块、道路等情况布置管道系统，要求管道系统线路最短、控制面积最大，总体布置要使系统运行可靠、经济、合理，使投资尽可能小。

（6）**管网布置**

① 管道布置采用树状管网。管道级数采用主管、支管、毛管（配水）三级固定管道，毛管平行于葡萄种植行。

② 管路附件。管道中的三通、弯头等附件应选用与管材相配套的管件。

③ 管沟开挖。以不影响地面耕作，根据冻土层厚度为依据，确定管道埋深。

（7）**管道设计系统**

① 管材及管件选择。管材是管道输水灌溉系统的重要组成部分，直接影响到灌溉工程的质量，因此，根据质量保证、经济耐用、便于运输和施工安装等条件，滴管的主管采用 UPVC 塑

料管，支管采用PE管，其他各种管件则采用塑料厂家相应的定型配套产品，主、支、毛管均要达到设计工作压力。

② 主管、支管管径设计。主、支管管径采用经济流速法计算如下。

$$D=18.8\ (Q/V)\ 0.5$$

式中：D 为主、支管管径（米）；Q 为设计主管最大流量（米^3/小时）；V 为UPVC塑料管经济流速，一般为1～1.5米/秒。

利用上式将水井至蓄水池引水流量，各轮灌区干、支管流量分别代入上式计算；计算后根据管径规格选取，滴灌干管取Φ90的UPVC塑料管，支管取Φ50的PE塑料管，田间毛管取Φ16的PE塑料管。

③ 管网水力计算。

主、支管沿程水头损失 H_f 按下式计算。

$$H_f=fLQM/db$$

式中：H_f 为沿程水头损失（米^3）；L 为管道长度（米）；Q 为管道流量（米^3/小时）；d 为管道内径（毫米）；M 为流量指数；b 为管径指数；f 为沿程摩阻系数。

一般硬 UPVC 管和 PE 管的 f，m，b 值分别是：0.948×10^5，0.840×10^5；1.77，1.75；4.77，4.75。

④水泵选型。水泵的设计流量应为同时需水的最大流量：水泵的设计扬程 H 为总干管入口压力水头与水泵吸水管安装高程与水位之间高差的和。根据以上管网水力计算结果，以最不利点网室末端所需工作水头作为水泵供水净扬程，参照《中国灌排设备手册》，最终确定水泵型号。

5. 施肥制度

按本章第三节操作。

6. 配套管理技术

葡萄在实施水肥一体化技术的基础上，采用三项配套技术。

(1) **测土配方施肥技术** 每一个单元按对角线五点取样法采集1个混合土样，根据化验结果和历年施肥情况，制定施肥方案。葡萄施肥分基肥和追肥，基肥采用土埋深施，在距葡萄苗30～40厘米处开深宽各60厘米的施肥沟，将有机肥和磷、钾肥与开出来的沟土混合后回填；追肥分花前肥、膨果肥、转色肥、采果肥，要根据滴灌施肥方案实施。

（2）**综合管理技术**　重点采取合理抹芽定枝、合理选穗，盛花期、开花后进行果枝打顶、疏花疏果、套袋以及采收后剪枝等一系列技术措施。

（3）**病虫害综合防治技术**　针对葡萄病虫害发生特点，结合滴灌技术对农田环境及病虫害发生规律的影响，全程实施病虫无害化控制技术。

第八章 盆栽葡萄病虫害及其防治

病虫害防治是盆栽葡萄栽培中的主要内容，也是栽培管理中的突出问题。据资料介绍危害葡萄的主要病虫害有40多种，国内已知30多种，其中真菌病害27种、细菌病害2种、病毒病3种、线虫病害3种、生理病害5种、各种害虫10多种。葡萄受到病虫的危害，轻者生长发育不良、产量下降、品质降低，重者造成整株整枝死亡，以致绝产无收。为此，葡萄病虫害防治要遵循“预防为主，综合防治”的方针。

第一节 葡萄主要病害及其防治

1. 葡萄黑痘病

（1）**症状** 葡萄黑痘病主要侵染植株的幼嫩组织，葡萄幼嫩的叶片、叶柄、果实、果梗、穗轴、卷须和新梢等部位都能发病。幼叶感病后，叶面上初形成针头大小的红褐色斑点，渐渐形成中部浅褐、边缘暗褐色并伴有晕圈生成的不规则形病斑。后期病斑中心组织枯死并脱落，形成空洞，病斑大小比较一致。叶脉感病，受害部位停止生长，使叶片扭曲、皱缩甚至枯死。新梢、叶柄、卷须感病，出现圆形或不规则形褐色小斑，渐呈暗褐色，中部易开裂。严重时，数个病斑愈合成一片，最后造成病部组织枯死。幼果感病，初生圆形褐色小斑点，以后病斑中央变成灰白色，稍凹陷，边缘紫褐色，似“鸟眼”状，后期病斑硬化或龟裂，病果小而变畸形，味酸，失去食用价值。成长的果粒受害，果粒仍能长大，病斑不明显，味稍变酸。当环境潮湿时，病斑上产生灰白色黏质物，即病菌的分生孢子团。穗轴感病，常使小分穗甚至全穗发育不良，甚至枯死。

（2）**发生规律** 黑痘病主要以菌丝在病枝蔓的溃疡斑内越冬，也能在病叶、病果等部位越冬。第二年借风雨传播到植株绿色幼嫩的部位。病害的流行与降雨、空气湿度及植株生育幼嫩状况等有直接关系。高湿有利于分生孢子的形成、传播和萌发侵染；组织柔嫩，有利侵染发病。各器官组织长大、老化后则抗病。

(3) **防治方法**

① 因地制宜，选用抗病品种。

② 彻底清洁田园，消灭菌源。结合修剪，及时剪除病组织。彻底清除架面、地面上的病残体，并立即集中烧毁或深埋。

③ 葡萄发芽前喷布3～5度（波美度）石硫合剂可兼治其他病害和虫害。

④ 在葡萄展叶后至果实着色前，每隔10～15天，及时喷一次200倍半量式波尔多液，或80%代森锰锌800倍液，或78%波尔·锰锌500倍液与甲基硫菌灵或多菌灵等内吸杀菌剂交替使用。最重要的是开花前和落花后这两次药必须认真抓好。

⑤ 苗木消毒。插条和苗木可传播病菌，因此新建葡萄园应进行消毒后再定植。可用10%的硫酸亚铁＋1%粗硫酸或3波美度石硫合剂浸苗或喷布均能收到良好的预防效果。

2. 葡萄炭疽病

(1) **症状**　葡萄炭疽病又名晚腐病，全国各葡萄产区均有发生。在多雨年份易引起果实的大量腐烂，造成丰产而不能丰收。除危害葡萄外，也侵染苹果、梨等多种果树。炭疽病菌主要侵害果实，果实发病初期，果粒上产生针头大小的淡褐色斑点或雪花状的斑纹，后渐扩大呈圆形，深褐色稍凹陷，其上产生许多黑色小粒点并排列成同心轮纹状，即病原菌的分生孢子盘；环境潮湿时，小粒点上涌出粉红色黏胶状物，即分生孢子团。病斑可扩大到半个或整个果面，果粒软腐，易脱落或失水干缩成僵果。穗轴和果梗感病，呈现椭圆形或梭形深褐色病斑，影响果穗生长，严重时使果粒干枯脱落。嫩梢、叶柄发病，症状与之相似，但不常见。叶片、卷须等组织上一般不表现症状，室内保湿培养也可产生病菌，故认为该病为潜伏侵染性病害。

（2）**发生规律**　炭疽病菌主要以菌丝在结果母枝和架面上的一年生枝、穗轴、卷须等部位越冬。病菌潜伏在皮层内，以近节部最多。孢子借雨滴、风力或昆虫传播到幼果上，经过萌发之后通过果皮上的小孔侵入到表皮细胞。经过10～20天便可出现病斑，某些品种上直至始熟期才表现症状；传播到新梢、叶片上后侵入到组织内部，但不形成病斑，外观看不出异常，这种带菌的新梢可（第二年的结果母枝）成为下一年的侵染源。

田间观察表明，凡连接或靠近结果母枝的果穗，发病率高且会形成发病集中、上下成片的现象。葡萄越近成熟期发病越快，潜伏期也越短，有时只有 2～4 天，这是因为果实后期糖度高，果实表皮产生大量小孔，孢子萌发侵入的机会就会越多，发病也就严重；同时，葡萄近成熟期，高温、湿度大，最利于病害的流行。

发病与栽培条件、管理水平有关。凡株行距过密、留枝量过多、通风透光差、田间湿度大的果园，有利于病菌的蔓延，发病严重；清扫田园不彻底、架面上挂着病残体多的果园发病严重。

品种间抗病性也有差异。一般欧亚种感病重，欧美杂交种较抗病。

（3）防治方法

① 选用抗病品种。

② 加强栽培管理。及时绑蔓摘梢、合理留枝，改善架面通风透光，要尽可能提高结果部位，以不利病菌的侵染蔓延；此外，疏花时剪去发病变

黑的花穗可减少幼果的侵染；降低田间湿度，控制病菌侵染；施足有机肥，果实发育期间追适量磷、钾肥，保持植株旺盛长势，提高树体抗病能力。

③ 清洁田园减少越冬菌源。结合修剪，剪除带病枝梢及病残体。

④ 药剂防治。葡萄炭疽病有明显的潜伏侵染现象，应提早喷药保护。

a. 重视展叶前的防治：春天葡萄芽萌动时，对结果母枝喷铲除剂。所用药剂有：3 波美度石硫合剂或 100 倍液腐必清。对重病园可在发芽后再对结果母枝喷一遍 50%退菌特 500 倍液，消灭残余的越冬病菌。

b. 开花前后可喷 1∶0.7∶240 的波尔多液或 78%波尔·锰锌 500 倍或多菌灵—井冈霉素可湿性粉剂 800～1 000 倍液，或 75%百菌清 600～800 倍液，或 50%甲基硫菌灵悬浮剂 800 倍液。

c. 6 月下旬至 7 月上旬开始，每隔 10～15 天喷 1 次药，连喷 3～4 次，喷药的重点是保护果穗。施用杀菌力强的药剂，也可与保护性药剂如波尔多液，或 50%代森锰锌，或 78%波尔·锰锌等轮换交替使用，以免产生抗药性。注意雨后补喷强力杀菌剂，以杀死将要萌发侵入的孢子。

d. 果穗套袋可明显减轻炭疽病的发生。

e. 加黏着剂：在药液中加入3 000倍的皮胶或其他黏着剂，减少雨水冲刷，提高药效。

3. 葡萄白腐病

（1）症状 葡萄白腐病也叫腐烂病，是葡萄产区普遍发生的一种主要病害。阴雨连绵的年份，常引起大量果穗腐烂，对产量影响很大，损失率可达20%～60%。该病主要危害果穗（包括穗轴、果梗及果粒），也能危害新梢及叶片。接近地面的果穗尖端，其穗轴和小果梗最易感病。发病初期，果粒产生水浸状、淡褐色、不规则的病斑，呈腐烂状，发病一周后，果粒密生一层灰白色的小粒点，病部渐渐失水干缩并向果粒蔓延，果蒂部分先变为淡褐色，后逐渐扩大呈软腐状，以后全粒变褐腐烂，但果粒形状不变，穗轴及果梗常干枯缢缩，严重时引起全穗腐烂；挂在树上的病粒逐渐皱缩、干枯成为有明显棱角的僵果。果粒在上浆前发病，病粒糖分很低，易失水干枯，深褐色的僵果往往挂在树上长久不落，易与房枯病相混淆；上浆后感病，病粒不易干枯，受震动时，果粒甚至全穗极易脱落，有明显的土腥味。枝蔓发病，在受损伤的地方、新梢摘心处及采后的穗柄着生处，特别是从土壤中萌发出的萌蘖枝最易发病。发病初期，病斑呈污绿色或淡褐色、水浸状，用手触摸时有黏滑感，表面易破损。随着枝蔓的生长，病斑也向上下两端扩展，变褐、凹陷，表面密生灰白色小粒点。随后表皮变褐、翘起，病部皮层与木质部分离，常纵裂成乱麻状。当病蔓环绕枝蔓一周时，中部缢缩，有时在病斑的上端的病健交界处，养分输送受阻变粗或呈瘤状，秋天顶端的叶片变红或变黄，对植株生长影响很大。叶片发病，多在叶缘或破损处发生，发病初期呈污绿色至黄褐色，圆形或不规则形水浸状病斑，逐渐向叶片中部蔓延，并形成深浅不同的同心轮纹，干枯后病斑极易破碎。天气潮湿时形成的分生孢子器，多分布在叶脉的两侧。该病最主要的特点是：病粒、病蔓在潮湿的情况下，都有一种特殊的霉烂味。

（2）**发生规律**　病原菌以分生孢子器及菌丝体在病组织上越冬，散落在土壤中的病残体，成为翌年初侵染的主要来源。土壤中的分生孢子器可存活2～7年。第二年初夏遇雨水后，分生孢子借助雨溅、风吹和昆虫等传播到当年生枝蔓和果实上，遇有水湿时分生孢子即可萌发，通过伤口或自然孔口侵入组织内部，进行初侵染。以后病斑上又产生分生孢子器并散射出分生孢子，反复进行再侵染。进入着色期和成熟期，由于小果梗间蜜腺集中易积水，有利于孢子的萌发侵入。因此，小果梗、穗轴易感病，且发病重。发病时间，因年份和各地气候条件不同而有早晚。初夏时降雨的早晚和降水量的大小，决定了当年白腐病发生的早晚和轻重。发病程度以降雨次数及降水量为转移，降雨次数越多，降水量越大，病菌萌发侵染的机会就越多，发病率也越高。暴风雨、雹害过后常导致大流行。因此，高温、高湿是白腐病发生和流行的主要因素。另外，清园不彻底，越冬菌累积量大，或管理不善，通风透光差易感病；土质黏重，地下水位高易感病；地势低洼，排水不良易感病；结果部位很低，50厘米以下的葡萄架面留果穗多的发病均重，反之发病则轻；酸性土壤较碱性土壤易感病。品种间抗病性也有差异，一般欧亚种易感病，欧美杂交种较抗病。

（3）防治方法

① 因地制宜选用抗病品种。

② 清园减少病菌的初次侵染源。

a. 生长季节摘除病粒、病蔓、病叶，冬剪时把病枝、叶、果粒清除干净，集中烧毁或深埋。

b. 春天浇透水后铺地膜，于葡萄植株两侧铺地膜，以隔离土壤中的病菌，减少侵染机会，同时起到保温、保水、保肥和灭草的作用。

③ 加强栽培管理。

a. 增施有机肥料，合理调节负载量，增强树势，提高树体抗病力。

b. 提高结果部位，第一道铁丝距地 50 厘米以下不留果穗，以减少病菌侵染的机会。

c. 生长期及时摘心、绑蔓、剪除过密枝叶或副梢和中耕除草，改善架向及架式，以利田间通风透光。注意雨后及时排水，降低田间湿度，减轻病害的发生。

d. 花后对果穗进行套袋，以保护果实，避免病菌侵入。

④ 药剂防治。

a. 土壤消毒：对重病果园要在发病前用

50%福美双粉剂 200 倍或用 3 波美度的石硫合剂喷洒地面，可减轻发病。

b. 生长期喷药防治：开花前后以波尔多液、波尔·锰锌类保护剂为主。必须在发病前一周左右开始喷第一次药，以后每隔 10～15 天喷 1 次，至果实采收前 20 天为止。所用药剂有：80%代森锰锌可湿性粉剂 800 倍液，或 70%甲基硫菌灵超微可湿性粉剂 800 倍液，或 1∶0.5∶200 倍波尔多液，或 25%戴唑霉乳油 1500 倍，或 50%福美双 800 倍液等，均有良好的防治效果。使用以上杀菌剂时可交替轮换使用，避免用单一药剂而产生抗药性。

4. 葡萄霜霉病

（1）症状 霜霉病在国内各葡萄产区分布很广，生长季节多雨潮湿的地区发生较重。霜霉病流行年份，病叶焦枯，提早落叶，枝蔓不成熟，对产量及树势均有影响。葡萄霜霉病主要危害叶片，也能侵染嫩梢、花序、幼果等绿色幼嫩组织。叶片受害初期产生半透明、水浸状不规则形病斑，渐扩大为淡黄色至黄褐色多角形病斑，大小不一，通常多个病斑连在一起，形成黄色、干枯大斑。环境潮湿时，病斑背面产生一层白色的霉层，即病原菌的孢囊梗及孢子囊。后期病斑干枯变褐，病叶易提早脱落。嫩梢、花梗、卷须、叶柄发病，与之相似，但病梢生长停滞，扭曲，甚至枯死。幼果感病，病部呈灰绿色，并生有白色霉层。感病果粒后期皱缩脱落。有时感病的部分穗轴或整个果穗也会脱落。

（2）**发生规律** 病菌主要以卵孢子在落叶中越冬。暖冬时也可附着在芽上和挂在树上叶片内越冬。卵孢子随腐烂叶片在土中能存活 2 年。翌年春天气温达 11℃条件适宜时，卵孢子即可萌发产生游动孢子，借风雨传播到绿色组织上，由气孔、皮孔侵入，经 7～12 天的潜育期，又产生孢子囊，进行再侵染。土壤湿度大和空气湿度大的环境条件均有利于霜霉病的发生。因此，降雨是引起病害流行的主要因子。病菌萌发、侵染均需要有雨水和雾露时才能进行。因此，春季和秋季的低温多雨的环境条件，均易引起病害的发生和流行。

（3）**防治方法**

① 冬季清园。收集病叶、病粒、病梢等病

组织残体，彻底烧毁，减少越冬菌源。

② 加强栽培管理。尽量剪除靠近地面不必要的枝叶，控制副梢的生长；保持良好的通风透光条件，降低葡萄园的湿度；增施磷、钾肥料，提高葡萄的抗病能力。

③ 药物防治。发病初期喷200倍的石灰半量式波尔多液，或50%克菌丹500倍液，或65%代森锌500倍液，或40%三乙膦酸铝可湿性粉剂200倍液，或25%甲霜灵可湿性粉剂1 000倍液，以后每隔10～15天喷1次，连续2～3次，可以获得较好的防治效果。以25%甲霜灵粉剂2 000倍液分别与代森锌或福美双1 000倍液混用，比单用效果更好，同时还可以兼治其他葡萄病害。利用甲霜灵灌根也有较好的效果。方法是在发病前用稀释750倍的甲霜灵药液在距主干50厘米处挖深约20厘米的浅穴进行灌施，然后覆土，在霜霉病严重的地区每年灌根2次即可。

5. 葡萄穗轴褐枯病

（1）**症状** 穗轴褐枯病也叫轴枯病，主要危害葡萄花穗的花梗、果穗的果梗、穗轴、分支穗轴及幼果。发病初期，先在花梗、穗轴或果梗上产生褐色水浸状斑点，扩展后，使果梗或穗轴的一段变褐坏死，不久便失水干枯变为黑褐色、凹陷的病斑。湿度大时，斑上可见褐色霉层。当病斑环绕穗轴或小分枝穗轴一周时，其上面的花蕾或幼果也将萎缩、干枯、脱落。发病严重时，几乎全部花蕾或幼果落光。幼果感病，病斑呈黑褐色、圆形斑点，直径为2～3毫米，病变仅限于果皮，随果粒逐渐膨大，病斑结痂脱落，对果实生长影响不大。

（2）**发生规律** 该病以分生孢子和菌丝体在结果母枝和散落在土壤中的病残体上越冬。当花序伸出至开花前后，病菌借风雨传播，侵染幼嫩穗轴及幼果。5月上旬至6月上中旬的低温多雨有利于病菌的侵染蔓延。病菌危害幼嫩的花蕾、穗轴或幼果，使其萎缩、干枯，造成大量落花落果。一般减产10%～30%，严重时减产40%以上。当果粒长到黄豆粒大小时停止侵染发病。

（3）**防治方法**

① 冬季修剪后彻底清洁田园，将病残集中烧毁或深埋，并把果园周围的杂草、枯枝落叶清除干净，减少越冬菌源。

② 葡萄芽萌动后，结果母枝喷3波美度石硫合剂，消灭越冬菌源。

③ 在花序伸长至幼果期，及时喷50%多菌灵可湿性粉剂800倍液，或75%百菌清800倍液，或70%甲基硫菌灵可湿性粉剂1 000倍液，或80%代森锰锌可湿性粉剂800倍液，或50%异菌脲可湿性粉剂1 000倍液，或25%戴唑霉乳油1 500倍，连喷2～3次，把病害消灭在初发阶段，并可兼治葡萄灰霉病、黑痘病、白腐病等。

6. 葡萄酸腐病

葡萄酸腐病已成为法国葡萄重要病虫害之一，如果防治不利，可造成50%～70%的损失。

(1) 症状 感病果粒褐色或红色，果穗松散；烂果流坏水并有醋酸味，烂果里面可以见到白色的小蛆（醋蝇，属于果蝇属），烂果粒、穗外面附有会飞的小蝇子（体长4毫米左右），烂粒后期只剩带种子的空壳。导致产量和果实含糖量降低。

(2) 发病规律 伤口侵入，如冰雹、风、蜂、鸟或病害造成的伤口及导致果穗周围高湿度的各种因素（湿度大的风、叶片过密等）是发生该病的前提条件。酵母菌—细菌—醋蝇三者共同作用发病，即醋酸酵母和细菌是产生病症的主要原因，即酵母把糖转化为乙醇，然后需氧细菌把乙醇氧化为乙酸，乙酸的气味引诱醋蝇，醋蝇飞来飞去传播病害孢子为传病介体。传播途径包括外部（表皮）和内部（病菌经过肠道后照样能成活）。世界上有1 000种醋蝇，其中法国有30种；一头雌蝇一天产20粒卵；一粒卵在24小时内就能孵化；3天可以产生新一代成虫；对杀虫剂产生抗性的能力非常强。

（3）**防治方法** 以防病为主，病虫兼治。一要加强综合管理，增强抗病能力。二要及时剪除烂果并深埋。三要加强喷药防治。封穗期用80%波尔多液可湿性粉剂400倍液，转色期喷80%波尔多液可湿性粉剂400倍与78%波锰锌3 000倍液可湿性粉剂混合适用，成熟期再用一次80%波尔多液可湿性粉剂400倍可较好地防治酸腐病。

7. 葡萄白粉病

葡萄白粉病发生比较普遍，流行年份对果实品质和产量往往造成很大损失。同时还影响枝条的生长发育及葡萄第二年的生长发育。

(1) **症状** 白粉病病菌可侵染葡萄所有的绿色组织。叶片被害时，呈现大小不等的褪绿斑块，产生白色粉状物覆盖在病斑上，发病后期粉斑下的叶表面呈褐色花纹，严重时叶片焦枯脱落。有时在病斑上产生黑色小粒点，幼叶感病后常皱缩、扭曲，且发育缓慢。穗轴感病后组织变脆、易断。幼果感病，果面布满白粉，果粒易枯萎脱落，有的果面出现黑褐色网状花纹。病果停止生长，畸形，果肉质地变硬、味酸，果粒易开裂引起腐烂。

(2) **发生规律** 葡萄白粉病菌以菌丝体在被害组织内或芽鳞间越冬。第二年环境条件适宜时产生分生孢子，借风力传播到当年生绿色组织上，萌发并直接侵入寄主，进行初次侵染。病菌可以在 6～32 ℃温度范围内生长，侵染和蔓延的适宜温度是 20～27 ℃，分生孢子萌发的最适温度为 25～28 ℃，孢子萌发的温度范围为 4～35℃。相对湿度较低时，分生孢子也可萌发。当气温在 29～35℃时病害发展最快。当大气相对湿度大于 40%时适合分生孢子的萌发和侵染，因此，高温闷热多云的天气最易于该病害的发生和流行。

弱光和散射光有利于该病害的发生，强光可抑制孢子的萌发。栽植过密、绑蔓摘心不及时、偏施氮肥、通风透光不良均有利于发病。

（3）**防治措施**

① 加强栽培管理。生长期及时绑蔓、剪梢，改善架面通风透光条件；勿偏施氮肥；结合冬季修剪，剪除病枝蔓，并彻底清扫田园，减少菌源。

② 药剂防治。春天葡萄芽萌动后展叶前结合防治其他病害，一定要喷铲除剂：3波美度石硫合剂或45%晶体石硫合剂40～50倍液等，以铲除越冬病菌。于发病初期喷布1∶0.5∶200～240倍波尔多液，或70%甲基硫菌灵1 000倍液，或25%粉锈宁1 500倍液，或40%硫黄胶悬剂400～500倍液等，对白粉病都有良好的防治效果，并可兼治短须螨及介壳虫。

白粉病对硫制剂敏感。因此，石硫合剂、硫黄胶悬剂、甲基硫菌灵、粉锈宁等都是防治该病的理想药剂。只要防治及时，都能控制住该病的发生蔓延。

8. 葡萄褐斑病

葡萄褐斑病又分成两种：大褐斑病和小褐斑病。葡萄大、小褐斑病往往同时发生，在多雨年份和管理粗放的葡萄园，特别是果实采收后忽视喷药防治病害的葡萄园，容易引起这两种病的大量发生。该病主要危害叶片，造成早期落叶，削弱树势，影响葡萄芽的分化和第二年的产量。

（1）**症状** 大褐斑病的症状特点常因葡萄的种和品种不同而异。在美洲种葡萄的叶上呈现圆形或不规则形病斑，边缘红褐色，中部暗褐色，后期病斑背面长出灰色或暗褐色霉状物。在欧亚种群如甲州、龙眼品种上，呈近圆形或多角形病斑，边缘褐色，中部有黑色圆形环纹，边缘最外层呈暗色湿润状。直径一般在3～10毫米，一个叶片上可长数个至数十个大小不等的病斑。发病严重时，病叶干枯破裂，以致早期落叶。小褐病症状特点：病斑直径2～3毫米，大小比较一致。病斑的边缘呈深褐色，中间颜色稍浅。后期病斑背面产生一层明显的黑色霉状物。这是该病的分生孢子梗及分生孢子。病情严重时，许多病斑融合在一起，形成大斑，最后使整个叶片干枯、脱落。

（2）**发生规律** 大、小褐斑病的发生规律基本一致。病原菌主要以菌丝或分生孢子在落叶上越冬。第二年夏季产生新的分生孢子，新、老分生孢子借风雨传播到植株的叶片上，在高温高湿的情况下，孢子萌发后，多从植株下部叶片背面的气孔侵入，潜育期20天左右。此病自6月开始发生，条件适宜时，可发生多次再侵染，8、9月为发病盛期。一般是近地面的叶片先发病，逐渐向上蔓延。高温多雨是该病发生和流行的主要因素。因此，夏秋多雨地区或年份发病重；管理粗放，田间小气候潮湿，树势衰弱的果园发病就重。

（3）**防治措施**

① 消灭越冬菌源。秋季落叶后，彻底清除落叶，集中烧毁或深埋。

② 加强果园管理。及时绑蔓、打副梢，改善通风透光条件；增施磷、钾肥，提高树体抗病力。

③ 喷药保护。一般结合防治黑痘病、白腐病进行防治。注意喷布下部叶片和叶背面。无需

专门喷药。

9. 葡萄灰霉病

（1）症状 葡萄灰霉病菌主要侵染花序、幼果和将要成熟的果实，也能侵染新梢、叶片、果梗。成熟的果实也常因该病菌的潜伏存在，成为贮藏、运输和销售期间引起果实腐烂的主要病害。在用葡萄酿酒时若不慎混入了灰霉病的病果，在发酵中由于病菌的分泌物，能造成红葡萄酒颜色的改变，并影响酒的质量。花序、幼果感病，先在花梗、小果梗或穗轴上产生淡褐色、水浸状病斑，后变暗褐色软腐。天气潮湿时，病处长出一层鼠灰色的霉状物，为病原菌的分生孢子梗和分生孢子。天气干燥时，感病的花序、幼果逐渐失水、萎缩，最后干枯脱落，造成大量落花、落粒，甚至整穗落光。新梢及叶片感病，产生淡褐色、不规则的病斑，在病叶上有时出现不太明显的轮纹，后期病斑上也出现灰色霉层。果实上浆后感病，果面出现褐色凹陷病斑，扩展后整个果实腐烂，先在果皮裂缝处产生灰色孢子堆，后蔓延到整个果实，长出鼠灰色霉层。

（2）发生规律 病菌以菌核、分生孢子和菌丝体随病残组织在土壤中越冬。该病原菌是一种寄主范围很广的兼性寄生菌，多种水果、蔬菜和花卉都发生灰霉病。因此，病害初侵染源除葡萄园内的病粒、病枝等越冬病残体外，其他场所的越冬病菌，也能成为葡萄灰霉病的初侵染源。菌核和分生孢子抗逆性很强，越冬以后，翌春在条件适宜时，即可萌发产生新的分生孢子。新、老分生孢子通过气流传播到花穗上，在外渗物作为营养的情况下很易萌发，通过伤口、自然孔口及幼嫩组织侵入寄主，进行初次侵染。第一次发病在开花前及幼果期，主要危害花及幼果，造成大量落花落果。第二次发病期在果实着色至成熟期，病菌最易从伤口侵入浆果，并产生灰色霉层。

近年来，我国北方在设施栽培葡萄方面发展很快，但在温度高、湿度大、通风较差的温室和大棚内，该病发生也较重。

（3）**防治方法**

① 加强栽培管理勿偏施氮肥，防止新梢徒长；及时进行夏季修剪，对过旺生长的品种可喷布生长抑制剂，控制营养生长。

② 彻底清园，并集中烧毁病残体，减少越冬菌源；搞好越冬休眠期的防治，对结果母枝喷铲除剂，结合防治炭疽病、白腐病进行。

③ 药剂防治。在花前和谢花后连喷 2～3 遍 50％多菌灵可湿性粉剂 800～1 000 倍液，或 70％甲基硫菌灵可湿性粉剂 800 倍液，或 25％戴唑霉乳油 1500 倍，或 50％苯菌灵 1 000 倍液，或 70％代森锰锌可湿性粉剂 700 倍液，均有较好的防治效果。

第二节 葡萄主要虫害及其防治

危害葡萄的虫害有 300 多种，国内危害较重的有 10 余种，它们不同程度地危害葡萄枝干、叶和果实，如不及时防治，易造成重大损失。

1. 葡萄斑叶蝉

又名葡萄二星叶蝉、二星浮尘子。

(1) **寄主与危害状** 寄主植物有葡萄、苹果、梨、桃、樱桃、山楂、桑等。成虫和若虫刺吸叶片汁液，被害叶呈现失绿小点，严重时叶色苍白，提早脱落。

（2）**发生规律** 在山东一年发生3代。以成虫在枯叶、灌木丛等隐蔽场所越冬。成虫最早于4月上旬开始活动，先危害发芽早的果树，待葡萄展叶后即开始危害葡萄叶片。第二、三代成虫分别发生于6月下旬至7、8月下旬，10月下旬以后成虫陆续开始越冬。

（3）**防治方法**

① 合理修剪。注意通风透光，清除杂草和杂生灌木，减少成虫越冬场所。

② 药剂防治。在春季成虫出蛰尚未产卵和5月中下旬第一代若虫发生期进行喷药防治。常用药剂有：50%敌敌畏乳剂2000倍液，或50%杀螟硫磷1000倍液，或50%辛硫磷乳剂1000倍液可有效地杀灭成虫、若虫和卵，且对人畜较为安全。

③ 为充分发挥天敌寄生蜂的天然控制作用，葡萄园药剂防治应集中在前期进行，生长后期尽量少用农药，以保护天敌。

2. 葡萄毛毡病

又名葡萄锈壁虱、葡萄瘿螨。

（1）**寄主与危害状** 主要危害葡萄。成、若虫在叶背刺吸汁液，初期被害处呈现不规则的失绿斑块。叶表面形成斑块状隆起，叶背面产生灰白色茸毛。后期斑块逐渐变成褐色，被害叶皱缩变硬、枯焦。毛毡病在高温干旱的气候条件下发生更为严重。

(2) 发生规律 以成虫潜藏在枝条芽鳞越冬，春季随芽的开放，成虫爬出并侵入新芽危害，不断繁殖扩散。近距离传播主要靠爬行和风、雨、昆虫携带，远距离主要随着苗木和接穗的调运而传播。

(3) 防治措施

① 早春葡萄发芽前、芽膨大时，喷 3～5 度（波美度）石硫合剂，杀灭潜伏在芽鳞内的越冬成虫，即可基本控制危害；严重时发芽后还可再喷一次 50％辛硫磷 1 000 倍液或 50％杀螟硫磷 1 000倍液。

② 葡萄生长初期，发现被害叶片立即摘除烧毁，以免继续蔓延。

③ 对可能带虫的苗木、插条等在向外地调运时，可采用温汤消毒，即把插条或苗木的地上部分先用 30～40 ℃热水浸泡 3～5 分钟，再移入 50 ℃水中浸泡 5～7 分钟，即可杀死潜伏的成虫。

3. 葡萄透翅蛾

(1) **寄主与危害状** 幼虫蛀食葡萄枝蔓髓部，被害部明显重大，并致使上部叶片发黄、果实脱落，被蛀食的茎蔓容易折断枯死。

(2) **发生规律** 每年发生1代，以老熟幼虫在葡萄蔓内越冬。翌年4～5月化蛹，蛹期约一个月，6～7月羽化为成虫，产卵与当年生枝条的叶腋，嫩茎、叶柄及叶脉等处，卵期约10天。初期幼虫自新梢叶柄基部的茎节处蛀入嫩茎内，幼虫在髓部向下蛀食，将虫粪排出堆于蛀孔附近。嫩枝被害处显著膨大，上部叶片枯黄。当嫩茎被食空后，幼虫又转至粗枝中为害，一年内可转移1～2次。幼虫危害至9～10月，然后老熟，并用木屑将蛀道底部4～9厘米处堵塞，在其中越冬。越冬后幼虫在距蛀道底部约2.5厘米处蛀一羽化孔，并吐丝封闭孔口，在其中筑蛹室化蛹。成虫羽化时常将蛹壳带出一半露在孔外。成虫夜间活动，白天潜伏在叶背面和草丛中，飞翔力强，有趋光性。

(3) **防治措施**

① 结合冬季修剪剪除被害枝蔓，及时烧毁。

② 发生严重地区，可进行药剂防治，于成虫期和幼虫卵化期喷布50%杀螟硫磷乳油1 000倍液，并可用黑光灯诱杀成虫。

③ 在6～8月幼虫为害期，经常检查枝蔓，发现有肿胀和有虫粪的被害枝条，及时剪除烧毁。对被害主蔓和大枝可采用铁丝刺杀，或用50%敌敌畏乳剂500倍液，或杀螟硫磷1 000倍液由蛀孔灌入，并用黄泥将蛀孔封闭，熏杀蛀孔幼虫。

4. 斑衣蜡蝉

（1）危害状 最喜食葡萄、臭椿和苦楝。成、若虫刺吸嫩叶和枝干汁液，排泄液黏附于汁液和果实上，引起污霉病而使表面变黑，影响光合作用，降低果品质量。

（2）生活史、习性 每年发生1代，以卵块在葡萄枝蔓及支架上越冬。越冬卵一般于4月中旬开始孵化，若虫期约60天，6月中下旬出现成虫，8月中下旬交尾产卵。成虫寿命长达4个月，10月下旬逐渐死亡。成、若虫都有群集性，常在嫩叶背面为害，弹跳性强，受惊即跳跃逃避。卵多产于枝蔓和架杆的阴面。

(3) 防治措施

① 结合冬剪，在枝蔓及架桩上搜寻卵块压碎杀灭。

② 若虫和成虫期可喷布50%敌敌畏乳剂1 000倍液，或50%杀螟硫磷乳油2 000倍液。

③ 建园时应远离臭椿和苦楝等杂木。

5. 绿盲蝽

(1) 危害状 绿盲蝽以成虫或若虫危害葡萄的幼芽、嫩叶和花序。它利用刺吸式口器吸食汁液，被害处初期出现白色小点，后渐变成黑褐色小点，局部组织死亡皱缩，叶片逐渐长大，被害处出现破洞，边缘曲折，造成叶片破烂，果粒被害初期布满小黑点，后期呈疮痂状，重者果粒开裂。

(2) 生活习性 山东每年发生4～5代，以卵在园边蓖麻残茬内或附近苹果、海棠、桃树等果树的断枝及疤痕处越冬，以若虫或成虫危害发芽的葡萄，持续30多天，之后成虫迁飞到葡萄园外杂草或其他植物上危害繁殖。8月下旬出现第四代或第五代成虫，10月上旬产卵越冬。

（3）**防治方法** 及时清除葡萄园周围杂草，消灭虫源，在葡萄展叶时，如发现若虫危害及时喷10%波锰锌乳油2 000～3 000倍液或50%辛硫磷乳油1 500倍液。

6. 葡萄短须螨

又名葡萄红蜘蛛。

（1）**危害状** 虫体多集中在葡萄叶背基部和主、侧脉两侧及新梢、果穗处。受害的嫩梢、叶柄、穗轴表皮变褐色，粗糙变脆易折断；叶片受害为淡黄色，并由褐色变红色，最后焦枯脱落；果粒受害果皮龟裂呈铁锈色，含糖量降低而含酸量增高，影响着色和品质。

（2）**生活习性** 山东省每年发生6代以上，以成虫在老皮裂缝内、叶腋和芽鳞内越冬。4月中下旬出蛰危害，5月初产卵，7～8月危害最重。

（3）**防治方法** 苗木定植前用3～5波美度石硫合剂浸泡3～5分钟，晾干后定植；葡萄萌芽前喷3波美度石硫合剂混加0.3%洗衣粉，淋洗或喷雾；生长季节喷300～400倍硫黄胶悬液，或0.2～0.3波美度石硫合剂，20%甲氰菊酯

3 000～4 000 倍液，或 2.5％三氟氯氰菊酯 3 000 倍液。

7. 蚧壳虫类

（1）**形态特征** 蚧壳虫的种类繁多，构造和习性的变异很大，蚧壳虫类为小型昆虫，体长 0.5～0.7 毫米，雌虫身体没有明显的头、胸、腹三部分之别，无翅，属渐变态，雄虫属过渡变态，寿命短，交配后即死去。蚧壳虫的体表常覆盖有蚧壳，或披上各种粉状和绵状等蜡质分泌物。

（2）**危害状** 成虫和若虫在叶背、果实及果穗内小穗轴、穗梗等处刺吸汁液，果粒或穗梗受害，表面呈棕黑色油渍状，不易被雨水冲洗掉，发生严重时，整个果穗被白色棉絮物所填塞，被害果粒外观差，含糖量低，甚至失去商品价值。

（3）**防治方法** 合理修剪，防止枝叶过密，以免给蚧壳虫造成适宜的环境；清除枯枝、落叶和剥除老皮，刷除越冬卵块，集中烧毁；生长季节喷 3％蜡蚧灵可湿性粉剂 1 000 倍液，2.5％ 5 000 倍液，20％甲氰菊酯 3 000～4 000 倍液进行防治。

第三节 葡萄主要生理病害

葡萄生理病害是指因栽培和生理性原因形成的一些症状。近年来，由于新品种的不断增加和栽培技术的参差不齐，各种不同的生理病害有逐年加重的趋势，防治葡萄生理病害已成为当前葡萄生产上的一项重要任务。

1. 葡萄水罐子病

葡萄水罐子病也称转色病，是葡萄上常见的生理病害，尤其在玫瑰香等品种上尤为严重。

（1）**症状** 水罐子病主要表现在果粒上，一般在果粒着色后才表现出症状。发病后有色品种明显表现出着色不正常，色泽淡；而白色品种表现为果粒呈水泡状，病果糖度降低，味酸，果肉变软，皮肉与果皮极易分离，成为一包酸水。用手轻捏，水滴成串溢出。发病后果柄与果粒处易产生离层，极易脱落。病因主要是营养不足和生理失调。

（2）**发病规律** 一般在树势弱、负载量过多、肥料不足和有效叶面积小时，该病易发生；

地下水位高或成熟期遇雨，尤其是高温后遇雨、田间湿度大时，此病尤为严重。

（3）**防治措施**

① 加强土肥水管理，增施有机肥料和根外喷施磷、钾肥，及时除草，勤松土。

② 控制负载量。合理控制单株果实负载量，增加叶果比。

2. 日烧病（日灼病）

（1）**病症**　主要发生在果穗的肩部和果穗向阳面上，果实受害后，向阳面形成水浸状烫伤淡褐色斑，然后形成褐色干疤，微凹陷。受害处易遭受其他病菌（如炭疽病菌等）的侵染，是一种典型的外因引起的生理病害。

（2）**发生规律**　葡萄果实日烧病的发生是由于果穗缺少荫蔽，在烈日暴晒下，果粒表面局部受高温失水，发生日灼伤害所致。品种间发生日灼的轻重有所不同，红地球、巨峰、藤稔等粒大、皮薄的品种日灼病较重。立架栽培时日灼病明显重于棚架。

（3）**防治措施**

① 对易发生日灼病的品种，夏季修剪时，

在果穗附近多留叶片以遮盖果穗，并尽早进行果穗套袋以避免日灼，要注意果袋的透气性和尽量保留遮蔽果穗的叶片。

② 在气候干旱、日照强烈的地方，应改立架栽培为棚架栽培，预防日灼的发生。

第九章 盆栽葡萄采收、分级、包装

第一节 采 收 期

采收是盆栽葡萄生产中的一项重要工作，不仅直接影响着当年的产量、品质和收益，而且还影响着葡萄后期的树体营养积累和第二季的产量。因此，应根据栽培品种的成熟期、用途适时采收，达到既不影响葡萄的产量和质量，又利于植株的生长发育的效果。

适宜的采收期，取决于栽培品种浆果的成熟度，应根据品种生物学特性及浆果采收后的用途，确定采收期。

谢花后，葡萄果粒由小变大、由硬变软，有色品种开始着色，并表现出该品种固有的大小、色泽；无色品种表现出金黄或淡绿色，果粒半透明，果粉均匀，为葡萄成熟的前兆。果肉具有本品种的所含糖量、风味，种子变为褐色，表明达到了充分成熟，可以进行采收。

根据采收后的订单合同、成熟度不同确定采收期。如果运往外地市场，只要糖酸比合适、风味好、外形美观，达八成熟即可采收；当地市场则要求完全成熟。

第二节 分 级

盆栽葡萄分级是商品化销售中一个重要环节，目前我国盆栽葡萄分级尚无统一规定的标准，大都根据盆栽葡萄树体造型、果穗大小与松紧度、果粒大小与整齐度以及成熟度、着色好坏、含糖、酸高低而定。目前生产中一般按以下标准分级。

一级：树形美观，果穗形状、大小，果粒的大小、色泽，具备了本品种的固有特点，果粒整齐度高，充分成熟，全穗无破损或脱落的果粒。

二级：树形美观，对果穗的穗重、果粒的大小无严格要求，但要求充分成熟，且无破损粒。

三级：树形一般，对果穗的穗重、果粒的大小无严格要求，无破损粒。

第三节 包 装

包装设计最主要的功能是保护商品，其次是美化商品和传达信息。值得注意的是对现代消费来讲，后两种功能已经越来越显示出重要性。

随着人们生活水平不断提高，人们不再只满足温饱的生活，而对商品越来越挑剔。生产厂家和同类商品之间的竞争也日趋白热化，包装设计更应突出商品的信息和价值功能。商品包装最直接的目标是激发消费者进行购买。制定商品包装计划时首先考虑的就应该是这一目标。其次，即使消费者不准备购买此种商品，也应促使他们对该产品的牌子、包装和商标以及生产厂家产生好的印象。只有这样，才能在同类商品中脱颖而出。

1. 盆器

将栽植葡萄的器皿设计的美观、时尚和充满艺术气息，根据不同的客户要求制定不同的器皿。比如有人偏爱美观型，有人喜欢艺术气息浓厚点的，可以将器皿分为现代时尚器皿和复古田园器皿。盆器的具体设计、应用遵循以下原则。

（1）**赋予必要的文字主题突出**　葡萄盆栽，通过艺术配置成为艺术作品，任何一件艺术品要表达一定的寓意，都有一定的主题。主体部分放在最吸引眼球的地方，通过独特的葡萄果色、果形及葡萄姿态进行表达。如在盆器上，再配以吉祥语言加以表达，寓意更加清晰明了，相得益彰。

（2）**葡萄与盆器之间要有色彩对比**　葡萄的色彩相当丰富，从果色到叶片颜色，都呈现出不同风貌。在盆器设计时，确定主色调，考虑其空间色彩的协调、对比及渐层的变化，还要配合季节及场地背景，选择适宜的盆器材料，以达到预期的效果。

（3）**整体平衡，层次分明**　盆器的结构和造型要求平衡与稳重，上下平衡，高低错落，层次感强，器皿的高矮、大小与所配置的葡萄相协调。

（4）**富有节奏与韵律**　盆栽葡萄与其他艺术

作品一样有节奏与韵律，不至于呆板；通过葡萄高低错落起伏，果实色彩由淡渐浓、叶色由浓渐淡、体积由小到大的变化来产生动感。根据葡萄生长节奏的变化，灵活使用盆器，让作品产生节奏与韵律之美。

（5）**空间疏密有致**　盆栽葡萄应根据盆器的大小来确定留果穗数量，一般小盆2穗、中盆留3穗、大盆留4穗，整体作品不宜有拥塞之感，必须有适当的空间，让欣赏者具有自由想象的空间。

2. 外包装

根据每批盆栽葡萄所占空间，设计定制外包装尺寸，材质可用纸质、木质、塑料等，灵活掌握，以便于外运。

第十章
“绿色食品”葡萄

第一节 “绿色食品”的概念

“绿色食品”是遵循可持续发展原则，按照特定生产方式生产，经专门机构认定，许可使用绿色食品标志的安全、优质、营养类食品的统称。“绿色食品”与普通食品区别在于强调产品出自最佳生态环境，从原料产地的生态环境入手，通过对原料产地及其周围的生态环境的严格监测，判定其是否具备生产绿色食品的基础条件，而不是简单地禁止生产过程中化学物质的使用；“绿色食品”对产品实行“从土地到餐桌”的全程质量控制，而不是简单地对最终产品的有害成分含量和卫生指标进行测定，在农业和食品生产领域树立了全新的质量观；“绿色食品”是政府授权专门机构管理绿色食品的标志，是一种将技术手段和法律手段有机结合起来的生产组织和管理行为。

"绿色食品"分AA级和A级，AA级指食品生产过程中不使用任何有害化学合成物质，A级指生产过程中允许限量使用限定的化学合成物质。

第二节 "绿色食品"的内容

"绿色食品"葡萄生产过程的标准，包括两部分：生产资料的使用和生产操作规程落实。

1. 生产资料

综合运用各种防治措施，创造不利于病虫害的滋生、有利于各类天敌繁衍的环境条件，保持生态系统的平衡和生物多样化，减少各类病虫害所造成的损失。

（1）被禁止使用的农药

①高毒、剧毒，使用不安全；②高残留，高生物富集性；③各种慢性毒性作用，如迟发性神经毒性；④二次中毒或二次药害，如氟乙酰胺的二次中毒现象；⑤三致作用，致畸、致癌、致突变；⑥含特殊杂质，如三氯杀螨醇中含有DDT；

⑦代谢产物有特殊作用，如代森类代谢产物为致癌物 ETU（乙撑硫脲）；⑧对植物不安全、药害；⑨对环境生物有害。

允许使用的有机合成农药在一种作物的生产期内只允许使用一次，确保环境和食品不受污染。

（2）使用的肥料

①保护和促进使用对象的生长及其品质的提高；②不造成使用对象产生和积累有害物质，不影响人体健康；③对生态环境无不良影响。规定农家肥是主要养分来源。肥料使用准则规定生产绿色食品允许使用的肥料有 7 大类 26 种。在 AA 级绿色食品生产中除可使用 Cu、Fe、Mn、Zn、B、Mo 等微量元素及硫酸钾、煅烧磷酸盐外，不使用其他化学合成肥料，完全和国际接轨。A 级绿色食品生产中则允许限量地使用部分化学合成肥料（但仍禁止使用硝态氮肥），以对环境和作物（营养、味道、品质和植物抗性）不产生不良后果的方法使用。

2. 操作规程

生产操作规程是绿色食品的生产资料使用在

一个物种上的细化和落实，是种植业“绿色食品”葡萄生产的具体规定，即：施肥、浇水、喷药及收获等各个环节中必须遵守的规定。其主要内容是：①农药的使用在种类、剂量、时间和残留量方面都必须符合《生产绿色食品的农药使用准则》；②肥料的使用必须符合《生产绿色食品的肥料使用准则》，有机肥的施用量必须达到保持或增加土壤有机质含量的程度；③选育尽可能适应当地土壤和气候条件，并对病虫草害有较强的抵抗力的高品质优良品种；④尽可能采用生态学原理，保持物种的多样性，减少化学物质的投入。

第三节　生态环境条件

1. 园址选择

“绿色食品”标准规定：产品或产品原料产地必须符合绿色食品产地环境质量标准。产地的生态环境主要包括大气、水、土壤等因子；产地应选择空气清新、水质纯净、土壤未受污染，具有良好农业生态环境的地区，应尽量避开繁华都市、工业区和交通要道；要求地表、地下水质无污染，周围没有金属、非金属矿山，无农药残留污染，且土壤肥沃的地区建园。

2. 对大气的要求

要求产地周围不得有大气污染源，特别是上风口没有污染源；不得有有害气体排放，生产生活用的燃煤锅炉需要除尘除硫装置。大气质量要求稳定，符合绿色食品大气环境质量标准。大气质量评价采用国家大气环境质量标准 GB3095—1996 所列的一级标准。主要评价因子包括总悬浮微粒（TSP）、二氧化硫（SO_2）、氮氧化物（NO_x）、氟化物。

3. 对水环境要求

要求生产用水质量要有保证；产地应选择在地表水、地下水水质清洁、无污染的地区；水域、水域上游没有对该产地构成威胁的污染源；生产用水质量符合绿色食品水质环境质量标准。其中农田灌溉用水评价采用国家农田灌溉水质标准 GB5084—1992；渔业用水评价采用国家渔业水质标准 GB11607—1989；畜禽饮用水评价采用国家地面水质标准 GB3833—1988 所列三类标准；加工用水评价采用生活用水标准 GB5749—1985；主要评价因子包括常规化学性质（pH、溶解氧）、重金属及类重金属（Hg、Cd、Pb、As、Cr、F、CN）、有机污染物（BOD_5、有机氯等）和细菌学指标（大肠杆菌、细菌）。

4. 对土壤的要求

要求产地土壤元素位于背景值正常区域，周围没有金属或非金属矿山，并且没有农药残留污染，评价采用 GB15618—1995《土壤环境质量标准》。同时要求有较高的土壤肥力。土壤质量符合绿色食品土壤质量标准。土壤评价采用该土壤类型背景值的算术平均值加 2 倍的标准差。主要评价因子包括重金属及类重金属（Hg、Cd、Pb、Cr、As）和有机污染物（DDT）。

第四节 “绿色食品”具备的条件

（1）产品或产品原料的产地必须符合农业部制定的“绿色食品”生态环境质量标准。

（2）农作物种植及食品加工业必须符合农业部制定的“绿色食品”生产技术操作规程。

（3）产品必须符合农业部制定的"绿色食品"质量和卫生标准。

（4）产品外包装必须符合国家食品标签通用标准，符合"绿色食品"特定的包装、装潢和标签规定。

第五节 生产操作规程

1. 规程制定

根据当地的生态条件、葡萄管理水平、病虫害发生规律和防治措施，结合绿色食品葡萄对农药残留的要求，以及各生物期生长发育的特点，制定出切实可行的绿色食品葡萄生产操作规程。

2. 规程内容

绿色食品葡萄生产操作规程指在葡萄整个生长或年周期中，从栽培管理到病虫害防治等人为的采取的一切措施，包括：施肥的种类、数量、配方、时期、次数、方法；灌水的方式、数量、时期、方法；喷药的种类、时期、方法、次数；葡萄套袋的种类、时期、方法；采收的时期及其他人为的措施等。

3. 生产技术要点

(1) **改土施肥** 目前大部分葡萄园偏施氮肥、磷肥，钾肥严重不足，微量元素更加缺乏，葡萄园有机质含量较低。因此，提倡多施有机肥，采取配方施肥、平衡施肥，增施微量元素，是获得葡萄高产优质的关键。

(2) **合理负载** 产量过高不但影响品质和推迟成熟，而且容易使树体早衰，生产上一定要严格控制树体负载量，正常的管理条件下，健壮的结果枝可留 1～2 穗果，中庸枝只留 1 穗果，弱枝不留果（疏去花穗）。对常规葡萄品种，最合理的负载量是每亩 1 500～2 000 千克，产量过高影响质量，价格上不去，还可对葡萄生长发育产生一系列的副作用。

(3) **葡萄套袋** 套袋是获得鲜艳、优质、无公害果的最好途径之一。成为生产高档葡萄所必不可少的一个重要环节。葡萄套袋能有效减少果实病虫危害，减少喷药次数，降低农药残留，提高果实品质，增加商品价值。

在使用化学农药防治病虫害的时候，葡萄穗粒上残留大量的有害农药，用于鲜食往往会产生中毒事件。因此，采用综合的技术措施，使农药对葡萄的污染降低到人体能够允许的限度，达到安全、健康的目的。

运用农业、人工、物理、生物防治病虫害，严格控制农药污染。国家规定允许使用植物源农药、动物源农药、生物源农药，在矿物源农药使用中，允许使用硫制剂、铜制剂；严禁使用剧毒、高毒、高残留或具有致癌、致畸、致突变的农药。

第十一章
葡萄的营养与保健

葡萄含有丰富的营养，被誉为“水果皇后”。鲜果美味可口，干果别有风味，果汁清凉宜人，果酱调食最佳。

1. 葡萄浆果

色泽鲜艳，营养丰富，汁液多，味美可口。据分析，浆果内含有10%～25%的葡萄糖和果糖、0.5%～1.4%有机酸、0.15%～0.9%蛋白质、0.01%～0.1%果酸，并含有钙、钾、磷、铁等有益于人体的矿物质和各种维生素。1千克葡萄在人体内产生的热量相当于2千克苹果或3千克梨，并含有维生素（A、B_1、B_2、B_{12}、C、E）、胡萝卜素、硫胺素、核黄素、食品纤维素等有机成分，以及天然聚合苯酚物质，能与细菌及病毒中的蛋白质化合，使之失去传染疾病能力，对于脊髓灰白质病毒及其他一些病毒有良好杀灭作用，能使人体产生抗体，对神经衰弱和疲劳过度有一定的疗效，被视为珍贵水果。

2. 葡萄酒

营养丰富，味甘性温，味道清甜爽口，含有十多种氨基酸和多种维生素，经常少量饮用葡萄酒，有强身壮体、提高免疫力、舒筋活血、开脾健胃、促消化提神的作用，并对恶性贫血等有益。

3. 葡萄汁

能提高人体血浆里的维生素 E 以及抗氧化剂的含量，有滋养、健胃、益气等功能。

4. 葡萄干

为营养食品，适合于虚弱体质者食用，能开胃增进食欲，并有补虚、止呕、镇痛等功效。

5. 葡萄根及叶

有祛风湿、利小便、镇静止痛的作用，可用于治疗风湿痹痛、腰脚疼痛、关节痛、小便不利、水肿、肝炎、黄疸等无名肿毒。

6. 葡萄的藤

具有抗癌作用，常用于食道癌、肝癌、淋巴肿瘤、乳腺癌、肺癌等治疗。

7. 醋泡降压葡萄干

葡萄干含有抑制人体老化的抗酸化和降血压、防癌的物质多酚。多酚大多存在于葡萄皮中，吃葡萄干就可连皮一起吃下。如用疏通血液、降压降脂的食醋泡食，保健效果更好：将一勺葡萄干和一勺黑醋混合，放 5 分钟左右就可食用。但葡萄干含糖高，糖尿病人不宜食，没有糖尿病的人也要限量。一般每天吃一次，每次吃 50 粒左右较合适。

8. 葡萄姜汁

胃虚呕吐的患者，可取葡萄汁一小杯，加生姜汁少许调匀喝下，有止吐的功效。

9. 葡萄菜汁

声音嘶哑的患者，可取葡萄汁与甘蔗汁各一杯混匀，慢咽下，一日数次，有辅助治疗作用。高血压患者，则可取葡萄汁与芹菜汁各一杯混匀，用开水送服，每日 2～3 次，15 日一疗程。

10. 野葡萄根水

野葡萄根 30 克煎水服有止吐和利尿消肿的功效。还有人用新鲜葡萄根 30 克煎水喝，用于黄疸型肝炎辅助治疗。

11. 葡萄叶糊

葡萄叶可治婴儿腹泻。取葡萄叶适量，洗净，煎水两次后去渣浓缩成糊状，加面粉和白糖各半，拌匀后制成软粒，再烘干或晒干。1岁以上的，每次服3～6克，日服2～3次；1岁以下酌减。

12. 葡萄肾炎粥

桑葚子60克、薏苡仁40克、葡萄30克，大米适量，加水煮粥。每日服食1～2次。

13. 葡萄叶降脂饮

葡萄叶、山楂、首乌各10克加水煎汤。每日1～2次饮。

14. 葡萄防癌、抗衰、保肝、减肥

研究表明，葡萄具有防癌、抗癌的作用。在那些种植葡萄和吃葡萄多的地方，癌症发病率也明显减少。这主要是因为它含有一种抗癌微量元素（白藜芦醇），可以防止健康细胞癌变，阻止癌细胞扩散。这种在葡萄皮和葡萄籽含量丰富的白藜芦醇，是葡萄中最主要的植物活性成分，是抗氧化的绝佳食物。所以，“吃葡萄不吐葡萄皮”是科学的。

将葡萄皮和葡萄籽一起食用，特别有益于那些局部缺血性心脏病和动脉粥样硬化性心脏病患者的健康。专家解释说，胆固醇斑块的形成和增大，是造成冠状动脉管腔狭窄，甚至发生阻塞的主要因素。新鲜黑葡萄和绿葡萄中含有一种能保护心脏的黄酮类物质和能遏制恶性肿瘤形成的抗癌物质。黄酮类物质能“清洗”血液和阻断胆固醇斑块的形成。而葡萄表皮颜色越呈黑色，含黄酮类物质就越多，对保护心脏作用更好。

肝容易出现问题的人适量吃点葡萄。因为葡萄中含有的天然生物活性物质、葡萄糖及多种维生素和纤维素，对保护肝脏、减轻腹水和下肢浮肿的效果非常明显，还能提高血浆白蛋白，降低转氨酶，对肝不好甚至肝炎患者十分有益；葡萄中的果酸还能帮助消化、增加食欲，防止肝炎后脂肪肝的发生；葡萄干是肝炎患者补充铁的重要来源；用葡萄根 100～150 克煎水服下，对黄疸型肝炎也有一定辅助疗效。

葡萄中含的类黄酮是一种强力抗氧化剂，可抗衰老，是天然的自由基清除剂，可以有效地调整肝脏细胞的功能，抵御或减少自由基对它们的伤害。

科学家研究还发现，葡萄能比阿司匹林更好地阻止血栓形成，并且能降低人体血清胆固醇水平，降低血小板的凝聚力，对预防心脑血管病有一定作用。

葡萄中的葡萄糖、有机酸、氨基酸、维生素对大脑神经有兴奋作用，常食之对神经衰弱者和过度疲劳者也有益处。

长期吸烟者可多吃葡萄，葡萄既可帮助肺部细胞排毒，又具有祛痰作用，可缓解吸烟引起的呼吸道发炎、痒痛等症状。

而葡萄汁对体弱的病人、血管硬化和肾炎病人的康复有辅助疗效，可以帮助器官植手术患者减少排异反应，促进康复。直接饮用葡萄汁还有抗病毒的作用。

想保持身材健美的人们应知晓的是，葡萄是吃了不容易发胖的水果。墨西哥医学专家发现，女性每天食用十多颗含有大量维生素的新鲜黑葡萄或绿葡萄，既能达到减肥目的，又有益于心血管健康。

参考文献

昌云军，高文胜，2013. 葡萄现代栽培关键技术［M］. 北京：化学工业出版社.

昌云军，张书辉，2012. 葡萄无风险栽培技术［M］. 北京：中国农业大学出版社.

董伟，郭书普，2014. 葡萄病虫害防治图解［M］. 北京：化学工业出版社.

韩玉林，窦逗，原海燕，2015. 盆景艺术基础［M］. 北京：化学工业出版社.

刘建伟，郝庆照，等，2015. 平度耕地［M］. 济南：山东大学出版社.

鲁会玲，1998. 北方葡萄栽培技术［M］. 哈尔滨：东北林业大学出版社.

马文其，2010. 盆景养护手册［M］. 北京：中国林业出版社.

徐海英，等，2011. 葡萄标准化生产技术［M］. 北京：中国农业出版社.

张承林，邓兰生，2012. 水肥一体化技术［M］. 北京：中国农业出版社.

图书在版编目（CIP）数据

盆栽葡萄与标准化生产/郝庆照，李俊良编著．—北京：中国农业出版社，2017.11（2019.7重印）
（听专家田间讲课）
ISBN 978-7-109-23303-4

Ⅰ.①盆… Ⅱ.①郝… ②李… Ⅲ.①葡萄栽培 Ⅳ.①S663.1

中国版本图书馆CIP数据核字(2017)第210543号

中国农业出版社出版
（北京市朝阳区麦子店街18号楼）
（邮政编码 100125）
责任编辑 魏兆猛

北京万友印刷有限公司印刷 新华书店北京发行所发行
2017年11月第1版 2019年7月北京第2次印刷

开本：787mm×960mm 1/32 印张：5.875 插页：4
字数：77千字
定价：18.00元

附图　盆栽葡萄与标准化生产关键技术图解

一、前期管理

“V”形斜引

“—••—”形平拉

“U”形直吊

二、中期管理

套　盆

在盆中生根开花

在盆中结果膨大

三、后期管理

剪枝脱离母枝，个体独立

葡萄栽景产品展示

葡萄栽景生产场景